谁不是咬牙坚持，才赢得掌声

王东旭 著

民主与建设出版社

图书在版编目（CIP）数据

谁不是咬牙坚持，才赢得掌声 / 王东旭著 . -- 北京 : 民主与建设出版社 , 2017.12（2023.11 重印）

ISBN 978-7-5139-1880-0

Ⅰ . ①谁… Ⅱ . ①王… Ⅲ . ①成功心理 – 通俗读物 Ⅳ . ① B848.4-49

中国版本图书馆 CIP 数据核字 (2017) 第 306646 号

谁不是咬牙坚持，才赢得掌声
SHUIBUSHIYAOYAJIANCHI CAIYINGDEZHANGSHENG

出 版 人	许久文
著　　者	王东旭
责任编辑	刘树民
封面设计	门乃婷工作室
出版发行	民主与建设出版社有限责任公司
电　　话	（010）59417747　59419778
社　　址	北京市海淀区西三环中路 10 号望海楼 E 座 7 层
邮　　编	100142
印　　刷	河北鹏润印刷有限公司
版　　次	2018 年 2 月第 1 版　2023 年 11 月第 2 次印刷
开　　本	880 mm × 1230 mm　1/32
印　　张	8.5
字　　数	200 千字
书　　号	ISBN 978-7-5139-1880-0
定　　价	36.00 元

注：如有印、装质量问题，请与出版社联系。

目 录

第一辑

我们总要学会一个人行走

第二辑

在艰难的生活中保持微笑

第三辑

总有山峰，总有路

第四辑

深情地活在疲惫的生活中

谁不是咬牙坚持，
才赢得掌声

第一辑

我们总要学会一个人行走

我为什么拼命地工作和生活

1 ///

我有一个非常要好的朋友，大学毕业之后远行千里，怀着对未来的无限憧憬抵达上海。她工作的单位是一家世界级能源公司，原本公司配有套间宿舍，但因为资历深些的前辈经常留男友过夜，于是，她就在附近的公寓里租了一个单间，过起了复杂的合租生活。

前些日子她打电话给我，说她因为一部电视剧而难过落泪：剧中的女主角站在黄浦江边大声对着江水哭诉，一个背景简单、相貌平凡的女孩在上海生活，艰难到如蝼蚁般蜗居于此，而背景是灯火辉煌的东方明珠电视塔。听完她的话，我并没有在意。

后来，我听她断断续续地告诉我，她已经和几位优秀的适婚男士见过面，但见过面之后再无发展。有些人的缺陷触及了她的择偶底线，所以再无联络，但更多的是她被别人拒绝，因为她的收入、身高、户口等问题。再加上那几个月正是试用考核的最后阶段，于是，她整个人处于极度浑噩崩溃的状态。终于，等到考核通过，拿到稳定编制之后，她买了一张回家的机票。

到家的第二天，她便被她母亲强拉着约见了心理医生，聊了许久。

我最近一次和她通话是上个月中旬。接通电话之后，她没有讲话，只是发出让人心疼的抽泣声。我没有让她收住眼泪，更没有教育她，而是安静地等着她，听她抽泣着表达她的委屈。

她再一次搬了家。合租的另外三个舍友是老同学，她在那间房子中从来不会坐在客厅的沙发上休息，等到那三人的晚餐上桌，她也已经没有了任何食欲，倒头就睡。这样压抑混乱的生活持续了三个月，等到合租舍友提出要上涨房租时，她才决定离开。她再一次求助公司，公司为她安排了一席床铺，和实习生混住在一起，上床下桌，公共厕所，和学校时期的宿舍一模一样。

委屈发生在搬离合租房之时，三个女孩强势如匪，拒绝退回押金，并且将她的箱子藏了起来。她和那三个女孩理论的时候，发生了肢体冲突，一时间乱作一团，等到她恢复意识才看到地上有她一根根的头发，再照镜子，看到自己正流着鼻血，狼狈不堪。

于是，她给我打了电话。当我听到这些的时候，我并没有多少愤怒，更多的是从心底里升腾起来的难过和心疼。一个清秀、弱小的妙龄姑娘为什么要受这样的磨难和艰辛呢？我没有强制要她报警，因为她说是她先动手打了旁人，那女孩的伤势也不轻。我建议她找同事帮忙，她却哭着说：不不不，他们会嘲笑我没有能力。我只是向你哭哭，明天就好了。

我竟然说不出一句话了。

后来，她终于拿到了箱子，又在酒店住了几天，等脸上的瘀青和红肿淡了些的时候，她才搬到公司宿舍，满脸堆笑地开始了工作。

昨晚我在微信上问她：实在不行就回家吧。为什么要这么拼命地坚持不幸福的生活呢？

她说：我不想让旁人看我落魄回家的笑话。

2 ///

去年冬天，我调休几日，错开了客流高峰回家过年。

还没等回到家，我的领导打来电话，莫名其妙一阵吼叫，说他忘记了还有一些工作需要完成，希望我赶回公司完成任务。那时，我在距离广州千里之外的宁夏，火车无票，机票昂贵，关键在于我的调休流程是正规审核并且通过了的。当我明确拒绝之后，领导说了我认识他之后的第一句粗话：你是不是有病，别再回来了。

还没有等我反应过来，他就挂断了电话，只留下刺耳的电流声和滴答声。

我突然难过起来。我想起我为了能够提早回家，将半个月的任务没日没夜地结案上报，甚至在飞机引擎剧烈的轰鸣之中我睡死过去，还被隔壁座的女孩提醒不要打呼噜。我也想起被外派出差的路途，冰雪、燥热、风沙，以及各个区域同事的钩心斗角。我也想起，为了能在陌生的广州落地稳脚，我有过多少次低头与妥协。可是等到最后，就因为领导决策的失误，我仍被骂：你是不是有病！

在那一刻，我才有了一个冲动，不再回那个冰冷艰难的城市。

推开家门，一股雾气和着各种美食的气味扑来，一刹那我被感动了。母亲还在案板前忙碌着，我看着她的背影，宽厚如以往，但确是佝偻了不少，头发也从根部开始白起来了，母亲老了。

晚上，有一个很多年交情的邻居到家里串门儿，她提着儿子从海南邮寄回来的几个芒果，说家里太多吃不完。我母亲回赠她我从广州带回来的脐橙，母亲告诉她那脐橙是她吃过的最甜的了。阿姨坐在椅子上给母亲说了许多她儿子在海南的丰功伟绩，还像数年前考试之后，她拿着试卷到我母亲那里对比我的分数一样。我在那一刻并没有感到厌烦，我觉着阿姨很可爱，也感到一丝悲哀，同样作为外出的孩子，我知道她儿子过着怎样的生活，并不像她儿子告诉她的那般光鲜。

让我没有想到的是，我母亲在听了一顿赞扬之后，正襟危坐，开始夸我，夸我的生活、公司以及超白领的待遇。对比之后，我母亲显然站在了高处，于是，她又让我把箱子里的广州红肠拿出一些送给邻居，我虽舍不得，但也照做了。等到聊天快要结束之时，我母亲又说，我们辉娃，工作清闲得很，你看，还有时间写书，到全国各地签售。来，你把这本我儿子写的书拿回去看看。

我还是没有被两个老太太的对话逗笑。我有些沉重，原来我在母亲心里过着完满幸福的生活。原来，我在母亲心里是那般高大与光鲜。甚至在那一瞬，我有理由相信，我已经成为母亲后半生所有的寄托与骄傲，我成了她仰头走路的重要支撑。于是，我变得不安并且压力顿生。

春节过后，我提着礼盒特产去看望领导，请求原谅。如今，我继续在原来的岗位上拼命地工作和生活着，再也没有那么多的抱怨，再也没有了轻易离开的冲动。

我终于能够清楚地警告自己，我已经不再是单纯的自己，我身后是一个比我想象中还要庞大的家庭和责任，它们来得如此早。于是，我看看满脸皱纹与傲气的母亲，再看看她佝偻的身体，我失去了任何抵抗的能力。我想我不能再稚气地贪图享乐，而将操劳一生的母亲再次置于兵荒马乱之中。我于心不忍。

3 ///

高三那年，因为高考的户口问题，我从宁夏银川九中转学到陕北定边的一所学校。本来以为，在那样忙乱的时间点不会交到什么真正的朋友，但高考过后数年了，在那一年里交到的挚友依然亲密无间。那些朋友中有一个非常优秀的男生叫虎斌，他来自陕北农村，我已经忘记了那个村子的名字，只记得四周有沙地，他们在沙地里种着辣椒和西瓜，等到暑假来临，他就开着一辆笨重的拖拉机到县城贩卖成熟的瓜果和蔬菜，辛苦地生活着。

虎斌大学毕业后进入华为的通信部门工作，是我们老同学中待遇最好的，发展前景也是最好的。那时我在广州工作，他在深圳。两个城市距离着一个多小时的城际铁路，很近。然而，一年过去了，我们并没有在当地见面，见面的位置是河北石家庄，我和他恰巧同时在那里出差。

去年冬天，石家庄雾霾严重，我一下飞机就呼吸困难，一天之后，我拖着因为过敏而浮肿的身子与虎斌见面。

我穿着肥厚的羽绒服站在火锅店的门口等着虎斌。远远地我就看见一个熟悉的身影向我的方向走来，近了些，我看到他戴着口罩，眼睛也浮肿得厉害，我才知道已经在石家庄出差一个多月的他也出现了许多的综合征，身体看上去很不健康。

我们没有喝酒，只是不停地说着话。我们用尽量真实、准确的语言描述着自己的生活，两个不同背景、不同行业的老同学，竟能在慌乱的生活中那么相像。虎斌在深圳的城中村租了一间比较便宜的房子，需要长期出差的时候，他会把行李打包放在床下，再把自己的房子临时转租给旁人，为了省钱。等到我们见面的时候，他手里已经有了笔可观的存款，大部分都给了他年迈的父母，听说老家的房子在翻新。

我能听到虎斌一直剧烈地咳嗽，咳嗽的时候眼睛都是红的，没过多久，眼里就盛满了因为咳嗽而聚集的眼泪，他拿纸巾擦拭着。我有些心疼地问他什么时候离开，他说最少还需要三个月，而我似乎可以想象出三个月后他又该是怎样的狼狈形象。

饭后，我陪着他在超市买了许多厚厚的口罩。我说不能为了工作而不顾身体，最好申请换个地方。虎斌淡定地说他身后是千千万万等他离开的人，只要他提出离开的要求，马上会有人顶替他，甚至可能丢了工作。于是，我没再继续说下去。

途中有电话打进来。虎斌的二姐做生意急需用钱，向毕业不久的虎斌求助。他答应凑一万块应急。

挂了电话，虎斌对着我说："东旭你看，我怎么能不继续工作呢？我身后是一家子人哟！"

许久未见我本打算与他长谈，但他说晚上要通宵测试软件，能够赴约和我吃饭也是偷偷跑出来的。虎斌打车离去时，突然下起了冬雨。我看到他站在雨里挥动着手臂，头发很快被淋湿，很冷，他跺着脚。汽车远去，我站在昏黄的路灯下长吁了一口气。

那次之后，我们再没有机会见面，偶尔从微信中得知他也和我一样奔波在全国各处，不得安定。等我有时负能量爆棚找他倾诉时，他会告诉我他要靠自己买房买车、结婚生子，他比我更加难挨、更加痛苦，而他还在坚持，并且会长久地坚持下去。

我问为什么，他回答：我家是农村的，父母衰老。在以后的路途中我不能指望任何人，坚持拼命地生活是我能够拿出的唯一筹码，这个筹码决定我人生的输赢。

于是，我能理解他孤注一掷拼命生活的无奈。在未来的生活中，他身后没有助他一臂之力的人。他是一个生活在大城市中的孤独个体，就像一只被抛弃在戈壁的野狼一样。而我反思，在这个偌大的社会，又有几个年轻人不是孤独的野狼呢？我们大多数人都没有雄厚的家族背景，也不是出自豪门。

于是，只能像一只野狼一样，为了生存，为了繁衍，不论是在风沙中还是冰雪中，我们都只能咬牙前行，别无他路。

你说，我为什么如此拼命地工作和生活？

我们总要学会一个人行走

1 ///

最初南下工作的原因有两个，一是爱情，二是想要见识更大的世界。

我在刚到广州工作时便与她分了手，于是广州牵绊我的绳索就只剩下“见识更大的世界”。随着时间的流逝，我见识了很多大场面，也因为工作的关系走遍了中国的绝大多数地方。于是，最后一条让我留在广州的理由也变得不那么坚定，再加上父母年纪渐老，而我也终究是一个恋乡的人，所以，思考过后我决定离开广州，放弃一年的打拼成果，回到最初的地方。

我在广州生活的那一年，租住在萝岗区的一个城中村，那套公寓距离公司很近，走路也才需要二十分钟。我记得为了这样一套价格与位置都合适的住所，我顶着七月的台风雨找了许久，大黑伞被雨水拍烂才找到，后来又经历了许多波折，最终安顿下来。

我们城中村的后院是个不大的学校，我每天闲余时间都会去操场打一场球，那里的饭菜也不贵，我尤其钟爱烧鸭配例汤。我经常在早晨上班的时候到凉茶店买几杯凉茶再配上几个叉烧包带给与我关系较好的同事。我刚到广州的时候，他们开着车带我去过许多有名的沙滩和度假村，吃遍了老广东人常常光顾的早茶店、糖水店。现在想起来还是温热感动。

所以，离开远比到达的时候艰难，毕竟动身前往广州的时候我一无所有，只有比天还大的梦想。但走的时候呢，我有了新的朋友和社会关系，以及一个年少无知的毕业生逐渐成熟、坦然的成长历程，这些对我来说很重要。

朋友开着他那辆白色的大屁股别克车载着他怀孕 7 个月的老婆和另外两个关系要好的同事送我到机场。我手里拉着来广州时的那个箱子，背着才买不久的黑色背包，路过熟悉的机场厕所，想起来曾经半夜抵达机场、昏睡在厕所的经历，不禁唏嘘不已。

空乘小姐用扩音器说着飞机即将起飞，目的地为咸阳机场，那里的温度是多少多少，我没心思听那些，和送我的几个人并排走着，但也想到目的地的荒凉，这种荒凉与环境无关，是心境的一种荒凉。可能也是在那一刻我才真正意识到了离别的含义。

但我没有什么夸张的情绪，怀孕的嫂子多愁善感，最先落泪，情绪蔓延得很快，其他几个人也就要开始落泪和拥抱。我受不了这样的场景。大学毕业分别的时候我与朋友便是如此，拥抱了一次又一次，几个大老爷们也是在喝醉了之后哭得稀里哗啦。终于在一年之后，那看起来更像是难以再见的分别却没有了拥抱，没有了海誓山盟，只是说了几句后会有期之类的话，我就急匆匆地挥手进入安检通道。

这是真正意义上一个人的行走，情绪可以上升到很高的顶点，此时书写时也可以被我用擅长的方式渲染得很煽情感人，但我终究是要一个人面对一次又一次的告别，要独自承受这其中所有的情绪冲击，所以还是回归到平静与理性。

于是我掐了自己一把，切勿矫情，要学会一个人走。

2 ///

最初回到西安的那几个月，我都是寄住在朋友的出租屋里。

那是一套30平方米左右的一居室，虽然不够大，里面却挤着三个五大三粗的男人，有时候甚至是四个。那套终日见不到阳光的房子盛着我们几个人的梦想，我的两个朋友正在悬梁刺股地复习，他们报了许多公职考试，希望将来能谋得一份稳定的工作，而我则梦想着尽早融入新的工作环境。

有了暂时落脚的住所，心境便由那种惶恐不安变得平静了许多，也开始思考、打量我那时的处境。

离开广州之后，我所面对的是完全陌生的同事，他们的年龄都长我许多，共同话题也并不那么多，所以熟络得就比较慢。也就是在那段时间，我好像才明白了正常同事的关系就应该是围着同一个目标尽自己的力，有某种维系的合作关系，仅此而已。这种关系可能会因为很多天时地利人和而变得温情，但若不能升华成温情，那也再正常不过，不必强求与纠结。

记得去年深秋的一天，我提着行李赶往机场，匆忙赶路之间，被一辆庞大的摩托车撞倒，一只鞋子飞出了很远，另一只鞋子的底子和帮子完全分离。我在那一刻确实没有什么知觉和心理活动，也不觉着疼痛，只是大脑一片空白，坐在地上。等到我有了意识时，已经在小诊所的沙发上了，那时医生正在给我的伤口擦药，我没有打听我的状况。

按照当时的情景，我是需要处理伤口，而后去大医院拍一张X光或者做一做别的什么检查，以确保我没有什么大的问题。但飞机即将起飞，下一班飞机不知何时才有。于是，我先给一个同事打了电话，他支支吾吾不做决断。我又给我的领导打了一个电话，目的是想由他出面帮我调整档期。

我至今都记得我和领导的对话。

“领导，我出了车祸！”

“什么？没事吧？”

“没事儿，但需要检查一下，所以能不能让别人替我？”

“如果你觉得身体没事，那你就继续去赶飞机吧！”

我的领导没有说下面的话，诸如如果我自己觉得身体受伤严重该如何处理，他没有说，也就没有给我任何选择。

在考虑了几分钟之后，我从箱子里取出了一双新鞋，奔向机场。

等到我拖着行李走在候机大厅的时候，我才算是完全清醒。我以为我会像以前那样抱怨社会、职场的冷漠。但我没有，我在慢慢懂得，其实，很多时候我们每个人需要的都是结果，尤其是在以利益为主导的职场，个人在获取结果的过程中到底遭遇了什么根本不是重点，因为可能每一个人都在承受比你更巨大的痛苦。

所以，一切都变得那么平淡无奇，不需要大惊小怪。

在有了这样的认知之后，我在职场中变得很从容。不再刻意寻求什么志同道合或是同僚的惺惺相惜，因为我们都是独立的个体，仅仅有一个共同的目标，有时候需要合作，有时候也需要残酷地竞争，所以不论从哪个角度讲，我们都是独立的一个人。

终于，我不再与朋友讨论工作上的不如意，也不会在朋友圈发一些消极的话再屏蔽领导和同事。与我同住的那两个朋友如今已经有了很好的归宿，他们初入职场，也会在我们的微信群里吐槽种种，我没有说什么，也不担心什么，因为我相信，在职场，他们终究会和我一样，学会一个人行走，坦坦荡荡。

3 ///

萌生买房的打算是在我大学毕业后的第一年，那时我已经23岁。掐指算了一下，我需要不吃不喝好几年才能够支付一套普通住宅的首付。于是，我又设想、执行了许多赚钱的方式来支撑“不吃不喝”，终于在26岁生日之后不久拥有了一套属于自己的房子。

在2017年春节期间，我趁着假期寻找了许多位置合适的楼盘，最后在春寒还没有过去的时候，敲定了一套地铁口附近的房子。从签订合同到拿到房产证，这其中花费了两个多月的时间，我的公文包里也总是塞满了密密麻麻的手续和证明。

那一段难熬的时间也是我工作的转折期，我之前的公司与母公司合并，所以我也被并入有上万员工的大企业，又是一阵腥风血雨，好在我没有因为混乱的状况而让自己变得混乱。根据工作安排，我给自己的买房时间表做了细致的规划，并且严格执行。

等到 3 月 17 日，手续全部办妥，管理员把房门钥匙给我的时候，我的眼睛已经是严重的充血状态，整个人已经疲惫到了极限。

但好像实际情况并不允许我做过多的修整，我之前租住的房子即将到期，我无处可去，所以那时我紧接着要做的事情就是抓紧一切时间进行装修。而我所面临的两个巨大问题是资金和时间。

我没有告诉朋友我的艰难，也没有告诉父母，因为从我心底里觉得这是我自己的事情，也是我自己的挑战，在不到万不得已的时刻，我不会去打扰任何人。于是，我到现在都不能确切地理清我到底是怎么样调配的时间，也不知道我用了什么方法周转资金。

我只知道装修的每一个步骤都是我亲自跟进，并且我每个月出差平均超过 23 天。至于资金的周转，我几乎是每发一笔工资或者奖金便结清一个工人的工费，每收到一笔稿费便买一件必需的物件。很奇迹，很奇迹，竟也顺利地竣工了。我到现在都不敢相信，如今我居住的这栋二层楼房真的是由我一手添砖加瓦而成。

虽然现在房子还没有彻底完整，还缺一台客厅的立式空调，电视也还没有买。但我一点都不觉得有什么压力，因为我确信一切都会像其他的物件那样，逐渐地完整，时间久或者不久，都没有什么问题。

如今坐在我挑选的地毯上敲打着这些文字，阳光从纱帐透进屋子，我觉着很心安理得。在我最艰难的时候，确实有过委屈与难过，也确实抱怨过不能给到我切实帮助的父母。但这些情绪很快就消散了。因为在这一次又一次的独自行进中，我发现其实我要比想象中的自己更加强大。我也逐渐接受并且开始享受“一个人行走”的事实。我也确实能够懂得，并不是每一对父母都有完全的义务帮助我们成家立业，能够帮助那是锦上添花，若不能，那也绝对不是什么值得抱怨的事情，毕竟，这是我们自己的人生。

未来的生命和路途还很漫长，在这场生命之旅中，我与你还要面对很多个亲情离别、职场风云以及更大的类似于成家立业的选择，我们不得不承认，在面对这些的时候，我们大都独自一人，但请不要害怕，喝一口茶、吸一口气。

最不该委屈的
是自己的情绪

我不知道是谁将我教育成了一个“平和，顺从，甚至是为了不委屈别人而委屈自己”的人，我只知道，二十几年过去了，我很疲惫。

1 ///

毕业离开西安的那天，我的好朋友 L 和别的一些朋友送我坐上出租车。上车之后，我回过头，看到颓废的 L，他要连续送走几个要好的朋友，最后留他一人继续在学校里学习一年，因为他没能顺利毕业。

我应该帮一帮他，我很愧疚。在他赶制毕业设计的最后关头，我没有帮什么忙，而是在完善我已经成稿的设计图，我想光荣辉煌地毕业。甚至后来他的生活更加困难，我心中的愧疚又上升了一个级别，我开始认为是我毁了L，我开始自我折磨，开始怀疑自己的人格。

后来，我到了广州开始工作。我用了整整半年的时间去适应饮食、气候和文化，每天都过得辛苦又小心翼翼。当我在被生活压抑到就要崩溃的时候，L发微信让我发500元的红包给他，他和父母吵了架，但他要买考研究生的复习资料。

我实习期间的工资只有3000多元，除掉房租和生活费用所剩无几，但考研对他来说是好事，应该支持，于是我东拼西凑地给他发了500元。

但没过几天，他在朋友圈发了一条状态：今天遇到一个傻兮兮的队友，毁了我新买的装备（时间显示是凌晨一点）。

看到那条朋友圈的时候，我正在广州八月的烈日之下，身边的男男女女大都打着遮阳伞，拿着一杯杯冒着冷气的冷饮。而我却背着一个黑色的双肩包，里面装满了出差要用到的乌七杂八，没有伞，也不舍得买一杯冷饮。

逐渐地，我的工作稳定了下来，新书也出版了，总体说来，过得还不错。有一天晚上，L很兴奋地给我说他父亲把他安排到了一个体面的事业单位上班。我问他不考研究生了吗？他说当然不考了，一直都没有决心要考。

我回复他，好，加油。我有些不知所措的无奈。

有一天我在动车站候车，突然想起L，想要问一问他的近况。我拨通电话后好久他都没有接，过了一会儿，他发来短信说他在睡觉，让我半个小时以后再打给他。当时是上午的十一点钟，半个小时以后，我没有给他打电话。

前天，已经是晚上十二点钟了，我从外地赶回出租屋后就打开电脑修改书稿。他发给我一条微信，问我在干吗，还问我能不能给他充一下电话费。我不想浪费安静的时间，于是很快地用网络帮他充了电话费。他又问我有没有零钱。

他在网吧，饿了，要买外卖，可是没钱了。

我没有问他在网吧做什么，也没有问他需要多少零钱。我什么都没有回复，只是给他发了一个二百元的红包，备注的祝福语是：早些休息。

然后，我删除了他所有的联系方式。

我深深地吸了一口气，五味杂陈之后是彻底的放松，原来这一场漫长的心理煎熬之中，我已经尽显疲态。在善待了旁人太久的情绪之后，我回过头来发现，我委屈了自己太久。所以，不论是怎样的结果，我都义无反顾。

2 ///

第一天搬行李到达合租屋的时候，合租室友没有让我径直进门，而是让我脚上套两个塑料袋再进去，理由是地板刚才拖过。我笑了笑表示理解，并且开始叫他大哥。

第二天，热的汗流浃背。我跑到电器修理铺准备买个空调，但是太贵没舍得，于是买了两台二手电扇，一台摆在床头一台摆在床尾。那晚九点多的时候，大哥进了我的房间让我关掉一台风扇。我像个傻子一样坐在蚊帐里问他为什么，他告诉我：电费是均摊，只能用一台风扇。

可是他房间里的空调 24 小时都吹着凉爽的风。但我毕竟是一个好不容易才找到了容身之所的穷人，我需要忍耐和克制。

有一天夜里十二点，我从外地出差回到合租屋，推开门，走进房间，我的床上睡着一个我不认识的人，那个人我记得，是合租大哥的朋友。我就那么有些为难地站在屋里，手里提着行李。我把房间的灯关掉，睡在了没有空调的客厅沙发上，因为太累，很快就睡着了。第二天早起是被合租大哥叫醒的，他拿着牙刷站在离我不远的地方说：东旭，下次要回来的时候给我发短信说一声，你看看，我朋友都有点尴尬了。

那一刻，我发自心底的委屈。但我忍住了，我想我应该谦卑地照顾他的情绪，我是外来者，我需要平和宽容地与一切相处。

于是，我揉着眼睛微笑道：好的，我知道了，不好意思。

合租第二个月，我去外地出差，在出发前就把钥匙留给了合租大哥，因为他说他朋友会来我们的房子住几天，有了我的钥匙会方便些。等我出差结束，在回到广州的前一天晚上我用微信告诉大哥我会在第二天中午到家，需要钥匙开门。大哥让我去他公司找他，我说好。

果然是一个能把活人晒得融化的天气。我提着一个大箱子，坐了四十分钟的公交后到了大哥的公司。大哥在电话里让我等一下。于是我从中午一点钟等到了下午两点四十，看着眼前一缕一缕升腾起来的热浪，说真的，坚强的我突然有些想要流泪，很复杂的情绪。

我没有再等大哥，有些难过地坐上了回去的公交，胳膊和脸被太阳晒得很痛很痛。我打开手机翻看朋友圈，大哥的朋友圈更新了：羽毛球八号场，爽！

我不争气的眼泪终于掉落了，我从心底里知道眼泪的复杂，也从心底里开始讨厌大哥，也开始真正地讨厌自己，我为什么要那么固执地折磨自己的情绪？

终于，那天晚上我在没有找好新住处的情况下搬走了，没有收拾我卧室的残局，在宾馆里过了一夜。

那天很晚的时候，合租大哥发来微信：你怎么走了，卫生都不打扫就走了吗？什么素质？

我在收到微信的那一刻迟疑了，我有些犹豫，因为我确实应该先打扫干净房间再离开的，这是租房客最起码的素质。但我质问了自己很多遍是否应该给合租大哥道歉或是发个红包表达歉意，最终我选择的是：不道歉、不发红包，我把他所有的联系方式都删除了。

我想真正开始善待一下我的情绪，于是，那晚我在宾馆里睡得非常踏实。

3 ///

生活已如此艰辛，为什么还要那么自我苛责？我们这一生，最应该照顾和善待的不是旁人，而是我们自己；我们最应该照顾和善待的不是旁人的情绪，而是我们自己的情绪。

我只是想出去走走，毫无目的

1 ///

从大学开始至今，我靠着稿酬和工作的收入完成了很多次旅行。翻看日记，我能看到我出发的原因形形色色，但总可以归结为“那几天的我，心里不怎么舒服”。

我从甘肃莫高窟的壁画沙漠到杭州断桥的流水人家；从哈尔滨玛利亚教堂外的马迭尔冰棍到云南昆明的滇池水鸟；再从新疆天山上的白雪到广州北京路的一家咖啡厅。纵横交错中国的东西南北，在那些刻满了“到此一游”的地板上留下了我许多的驻足浏览。

很多人不止一次地问我，带着垃圾情绪旅游，并且在密度和强度都大到把旅行当作生活的时候，你会感觉疲惫吗？还有人更加尖锐地说，你违背了旅行的真谛，你是在糟蹋旅行。

我停下脚步，问我自己，我是否真的糟蹋了旅行，而旅行的真谛或意义又是什么呢？

2 ///

2016年，我因为很多复杂的原因最终放弃了一些被旁人认为是极好的工作机会，而义无反顾地选择回到并且驻扎在西北。我的父母也不理解我，他们和许多人都认为我是害怕吃苦，并且他们认定我没有一个优秀男人该有的勇敢和魄力。无力辩解，看看银行卡里的余额，咬咬牙，我买了许多张打折的机票。

我到现在都不能完全理解我当时想要出去走走的初衷，只是一个冲动，因为是打折机票，所以不退不改，无路可退。既然如此，也就有了正当的上路的理由。

飞机落地新疆乌鲁木齐的时候是北京时间的深夜，但是我走出接机大厅的时候，依然能看到一股一股的人流，远处的建筑也还是放着各种颜色的光。排了很久的队，我打到了一辆出租车，司机是一个高鼻梁的少数民族大哥，我没有问他，于是也就不能确定他到底是哪个民族的。出租车里放着我听不懂的音乐，鼓点很重，让我飞行的疲惫减轻了一些，我把车窗摇下来，六月的晚风还是有一点凉，但是并不冷，我有些莫名兴奋，心情也随即好了起来。我和司机大哥基本没有什么交流，因为他的汉语真的不怎么顺畅。我只是问了一句，新疆哪里比较好玩？他说一定是天山。

第二天早上六点，新疆的天还是灰蒙蒙的，朋友开车把我送到了已经约好的旅行社门口。那里停着五六辆车，灰白相间。车子是中巴，并不是很宽敞，我顺势坐到了一个单人座上，合上了眼睛。迷迷糊糊之中，我听到导游唱了一首《达坂城的姑娘》，还介绍了新疆的三座大山和两块田地，整个车厢的氛围轻松融洽。

我不知道睡了有多久，我是被坐在我隔壁双人座上的老太太叫醒的，当我睡眼惺忪地不太情愿地聚焦后，看到的就是那个老太太在我面前站着，她打算下车去。

老太太穿着亮色的皮肤衣，脖子上套着花色的防晒围脖，很薄的样子。她的头发已经花白，但我不知道为什么，她的头发干枯得厉害，真的像是杂草，再加上那张爬满皱纹的黑色的脸，是的，她的肤色是中国人被晒伤之后特有的黑，我心里升腾出一种说不出的不舒服感。走在她身边的那个老大爷也是类似的装扮，他比她精神一些，动作也很敏捷。

我不知道那一个团体有二十个人，而为什么我与那两个老人就走在了一起。导游带着旁人走在前头，两个老人距离导游有五百米的样子，我紧随着两个老人。新疆天山的景色确实很好看，六月的天，山顶上还是有许多白雪没有融化，甚至也还能看见正在星星点点飘落的雪花。游客都拿着各式各样的摄影器械在拍摄着。

我手机画面里面有很多杂物和人，不算是一张好照片，打算删掉。但是，我看到就在一片乱景之中，有那对老人，老大爷搀扶着老太太，像是在说："小心，路滑。"

我把手机放进口袋，看着手机里面的那对老人走在大路上。我其实很想笑一笑，因为虽然有些雪，但是落地之后就已经消融，路面铺的是摩擦力很大的碎石子，根本不会打滑，更别说摔倒了。但是这对老人这么一搀扶，倒是显得我孤零零的，有些单身狗被虐的感觉，于是，就有些想笑。

就在我注视他们的时候，老大爷叫我过去给他们两人拍一张合影。老太太蹲在地上，把自己背上的背包打开，又把背包里的毛巾拿出来放在地上，翻翻找找多次，终于她找到了一个圆柱形的枣红色的东西，像是罐子。她把它放在肚脐的位置，两只手拖着。老大爷静静地站在一旁，等着老太太。老大爷一声令下，我拍了那张照片。

照片的背景是一片高大的松树林子，松树上落着雪，他们脚下踩着木板，雪水化了之后，木板的颜色深了些。总之，非常漂亮。

午饭过后，团队里的团友熟络了起来，两位老人也分给我了苹果和杏子。我们同导游向高处登去，团友不愿意两位老人跟着，倒不是怕他们遇到危险，而是嫌弃他们的速度过慢。后来，我答应陪两位老人到别的地方走走。

老人在天池边拍了很多张照片，每一次，他们都会从背包里把那个像罐子的东西搬出来，两个人换着抱，拍完照片之后再将罐子放回原位，再铺盖上那条毛巾，一丝不苟。于是，我对于那个圆罐子的好奇心越来越重。

"阿姨，你手里的这个是什么？"老人半跪在地上，准备把罐子再一次搬出来。

"这个啊，是我儿子的骨灰盒，他去年得病去世了！"老人已经拿到了木罐子。

老大爷一声令下，我再一次拍下了那张照片。他们身后是碧绿碧绿的天池水，远处雪山的倒影也能看到。他们两位老人的动作和之前一样，有些呆滞，好像并不很会摆姿势。我把我的注意力集中到老人手里的那个罐子上，那罐子突然变得意义深重并且沉重起来。其实在那一刻，我有些后悔问及老人手里捧着的到底是什么。因为，当我知道那个罐子里装的是骨灰的时候，伤感的人是我，我本来就是一个非常爱联想和动感情的人。我能想到老人手捧着儿子骨灰时的感受，即使他们看上去那么淡然、自若。

拍完所有想拍的照片，我与两位老人坐在休息区等下山的团友，也有一搭没一搭地聊着。我看到老大爷身上背着一个背包，原本应该是绿色，但是因为长时间不清洗，很多地方已经变了颜色。他们两个人身上的其他东西也并不是很干净，身上的衣服也已经被太阳和风侵蚀得有些陈旧。我知道他们已经出门在外有些时日了。

“大叔，你们从哪里来？”我随口一问。

“我和你阿姨从上海过来的，出来快两个月了，我们是骑自行车来新疆的！”老大爷显然有些自豪。

Excuse me？当我听到老大爷给我的回答时，我心里说了无数遍“excuse me，你是在逗我吗”。但其实当他说出口的那一刻，我就已经相信了。

两位老人退休不久，实际年龄并没有外貌看上去那么老。老太太的身体原本很好，但是她在从甘肃往新疆骑行的过程中受了伤，所以看上去行动缓慢。甘肃至新疆乌鲁木齐，开车至少需要一天一夜，我想着一对老人背着补给和那个装着骨灰的木罐子，骑行在茫茫大漠里。夜晚来临时，搭起帐篷休息，天亮起来时，再一次出发。按照他们告诉我的每日骑行 150 公里计算，他们从甘肃到新疆用了至少十天的时间。在其间，他们借住过农民家，遇到过大风沙尘，遇到过烈日，遇到过老太太受伤，遇到过车胎爆裂，遇到过所有我们能够预想到的骑行路上的困难。于是，他们皮肤黝黑、头发枯黄地站在我的面前了，手里捧着自己儿子的骨灰。面对此情此景，我应该发自内心地敬佩和感叹。但是当我回过头看到两位老人的面容时，我心里生出一种悲壮和感伤，当然还有一丝怜惜。

“你们为什么会想到骑着自行车横穿中国呢？我都做不到啊！”虽然知道应该和他们的儿子有关，但我还是想知道别的一些不太伤感的答案。

“他得病之前，一直想要骑着自行车横穿中国，但是我和你阿姨为了他事业的稳定，就一直没让他辞职，你要知道上海的竞争很大的呀！你看，小伙子，这就成了我们终身的遗憾了。儿子去世之后，你阿姨的抑郁症很严重，整个家庭已经没有了一点点的生气。那时候，我没办法才建议我们骑着车子替儿子完成心愿，只是想让老太婆恢复点动力。一开始，我们只是在上海骑，慢慢骑到了江苏。最后，就发发狠，骑到新疆来了。你阿姨好久不吃抑郁药了，她都能自己修理爆胎了。”大爷依旧淡然，眉目间镇定且能看到骄傲。

而老太太毕竟是个敏感的女人，她不知道因为哪一句话而变得有些伤感，但没有哭。我又看见那头枯燥的头发，想到她曾经在看不到尽头的公路上靠边停下，蹲在路边修理着爆胎的车子，于是，我有些莫名其妙的难过。

那天下午回程的时候，我们被带到了一个特产店里自愿消费。我匆匆走出那条摆满了商品的小街，也叮嘱了那对老人不要在那里买什么东西。但最后，当我听到里面有吵架声音的时候，我就知道，两位老人出事儿了。

穿着正式工装的女销售员，手插着腰，头抬得很高。她说她是按照老人比画的数量磨碎了那些三七，老太太没有想到他们的三七是按照克数销售，但三七已经变成了三七粉，只能买走。我试图去理论，但被大爷拉住，他付了四千多元。

交完钱，我走在两位老人的后面，老太太手里提着几罐三七粉，老大爷走在她旁边，没有一句指责。夕阳从小窗户那里射进来，照在他们身上，给我说不出来的感受。

回到车里太阳已经落山。团友七嘴八舌地讨论着老太太被骗的经过，他们说早就看明白了那个售货员的把戏，但是他们跳过了为什么不当场戳穿的片段。老太太很耐心地回答着每一个人的提问，说得最多的一句话就是："钱既然花了，就要开心。花了钱，还要不舒服，那就很麻烦啦！"浓重的上海口音，从一个老人的嘴里说出来是那么绵软好听。

"这一路骑过来，这种事情遇见太多了，没什么的！"老大爷补充着。

我用车厢里微弱的灯光看着两位已经闭上眼睛休息的老人。老太太那个装着骨灰罐的包儿被抱在她的怀里，面容平静。老大爷耳朵里面塞着耳机，不知道他听的什么歌曲，手指头放在膝盖的位置，弹动着。在上海那个庞大又细密的城市，两个老上海人曾经一定是敏感又细致的，讲求着道理和优质的素质服务，然而在这条漫长的路上，他们似乎已经超然到看透了很多东西，也看淡了很多东西，变得平静、平和、豁达，当遇到我都无法忍受的事情时，他们给我的解释也只是"赶路重要，这些事情见多了也就好了，我们没多少损失"。此时，在他们心里，或许只有路和行走，也好像并没有什么宏大的目标，却充满着意义。我想，很多时候，给我们致命的悲伤留下一段缓冲，让生命和生活继续下去，把生命的长度拉长，把生命的宽度拓宽，把细致的生活过得粗糙随意，就是旅行最好最伟大的意义，甚至都能披上神圣的颜色。

汽车到达市区后，两位老人在闹市区下车，他们想在繁华一些的地段打一辆车去宾馆。老大爷给我塞了一罐三七粉，我还没有反应过来，他就不见了。我打开车窗把头伸出去，本来应该说些感谢的话，但不知道话到嘴边却变成了："你们下一站去哪里？"

"西宁！"大爷的声音已经被风吹得微弱，我回头望去，两位老人在向我招手。突然间，忍了很久的眼泪有些不争气了，落了几滴。我深深吸了一口气，内心充满力量。

3 ///

前几天，我在工作间隙前往敦煌休假，一共只有三天的空余时间，我打算去看一看莫高窟洞窟里的壁画，为月牙泉拍几张漂亮的照片，如果时间允许，我还想去雅丹魔鬼城，听说那里的地貌非常独特。

武威至敦煌的火车需要行驶 14 个小时，整趟列车就只有卧铺，没有座位。我的床铺是下铺，上面睡着两个比我年长很多的人。睡在我对面的是一个与我相差无几的男生，他的上铺是同他一起的女生，看起来，他们是一对情侣。

在我们那间车厢的其他人都互相熟识了之后，那对情侣提议大家玩扑克牌。我因为读高尔泰先生的《寻找家园》而没能入伙。于是，他们就占据了我的床位，开始打牌。

我顺眼看过去，女孩是长头发，披散着，很清秀的模样。她把下巴支在男生的肩膀上，一只手拿着一袋零食，另一只手搭在男孩的另一个肩膀上。男孩专注并且豪放地拍打着扑克牌，看得出来是一个阳光的男孩。女孩的话也挺多，对于男孩手里的牌指指点点，还从包里拿出来一些小吃与我分享，很青春的样子。

我是一个对于睡眠环境比较挑剔的人，在酒店的时候会有许多被人诟病的癖好。于是到了只能凑合的列车上时，我就只能闭着眼睛，而精神却被列车轨道的吵闹以及车厢的晃动折磨得即将崩溃。

就在夜已经很深的时候，我也说不清楚是几点，能听到上铺几个人传来熟睡的声音，我懒得看表。这时，我听到睡在我对面的男孩声音很小地叫着睡在他上面的那个女孩。女孩做了回应，她发出窸窸窣窣的声音，像是从梯子上爬了下来，到了男孩的床铺上。

什么？难道我要在第二天写一篇报道文《青年男女，不忍情欲，大战火车厢》吗？什么？我看过太多报道写年轻男女不顾颜面而在车厢或者别的什么地方做不雅的事情。我当时的心情要比第一次看成人电影时还要紧张，但作为一个成年男性，我貌似还有一点变态的兴奋和期待。

“明天到了月牙泉，你不要哭，你哭我也会忍不住！我不想让别人看见我哭！”男孩声音很小。

“我们都没有做错什么，你别怪我！”女孩前言不搭后语，答非所问，声音有些哽咽。

“把脸转过来让我亲一下你！”男孩过了很久才说。

能够听到男孩轻轻地吻了女孩，女孩终于发出了轻微的哭声，很隐忍。

我不知道我是什么时候睡着的，也不知道天是什么时候亮起来的。睡在我隔壁的男孩很早就起来了，他用水杯戳了我几下，给我指了指车窗的外面。我爬起来，喝了一口水，看向窗外。

虽然我是地道的西北人，也是从毛乌素沙漠边沿成长起来的，但是当我的眼睛恢复功能，看到外面的景色时，我还是像没见过世面一样发出了几声赞叹。一望无际的戈壁滩，偶尔会有隆起的沙丘，太阳也还不能叫作太阳，它被遮挡着，但是黑红黑红的光从戈壁很远处漫射出来，把那一片原本看不到摸不着的云彩映得就好像在我的眼前，而且那云彩是分层的，每一层的颜色都很复杂，但很好看。凸出的沙丘因为是背光，原本是看不到的，但是随着列车的移动，我们的视线渐渐转移，沙丘也就像站在一个旋转台上一般转动了起来，我似乎能够看全它的样貌。

我从窗外的景色中抽离出来，心事重重地看向那对情侣。男孩还在看着外面，中铺的女孩还在睡着，也不知道她昨晚什么时候回到了自己的铺位。

“你们两个是学生吧！”车厢里醒来的人很少，很安静，我突然问他。

“毕业了，兰州大学临床医学，我考到中山临床，她要去美国！”男孩给我指着中铺的位置。

我没有动什么声色，但我终于明白昨晚那一幕的缘由。

下车之后，是十点左右，太阳已经很高，很晒。火车站门口有许多去往莫高窟和月牙泉的一日游旅行团，人越多越便宜，那个中铺女孩把马上就要分散的几个人聚拢在了一起，商量着同一个车厢的六个人报一个团，图个便宜。于是，我们几个人就没有分开，一同前往沙漠深处。

女孩从包里取出了一个纱巾，颜色很素，她努力了很久都无法把自己的头发完美地包裹起来，我看到男孩用力将纱巾重新甩上空中，让它舒展开，再把纱巾折叠成三角的形状，捣鼓了许久，虽然不是多么好看，但终究还是帮女孩把纱巾戴在了头上。女孩追着男孩说他把自己包裹得奇丑，像个村里的大娘，男孩一边跑一边张大嘴说着什么，我没能听清。

在月牙泉畔，女孩蹦跳着让我给他们合影，微单镜头里的景色非常好看。浩浩茫茫的黄沙中心有一团水，水边还有一簇绿色，他们二人就与那绿色相接。等到我将镜头聚焦在两个人身上的时候，我能看到两个人脸上的表情。女孩就要哭出来了，男孩茫然无措。

“嗨嗨嗨，干啥呢你们两个，笑一下，抱一下。”我装作什么都不知道的样子。

“你讨厌！”女孩立马转变了一种情绪，故作娇嗲地指着我，而后我们三个人都笑了。

我为他们拍了那张照片，照片里的两个人把手握在一起，高高举起，脸上的笑容特别真实。

“在一起几年了？”那个强迫我们消费了许多的暴躁导游问

那个女孩。

“高三那年我追的他！我想去兰大，他就跟去了。算下来，六年了。”女孩一边拍着沙漠一边回答着导游的问题。

“呀，那要结婚了吧！”导游不知深浅地继续八卦着。

他们两个人互相看了一下，很复杂的眼神交流。男孩先说话“嗯，是的！”，于是，就没人再说话了。

莫高窟洞窟的外面有可以休息的地方。女孩还在洞窟里看着千佛的造型，我和那个男孩已经坐在了休息区。他到超市买了几瓶冰水，递给我一瓶，对我说了一句：“一看到道士塔我就想起高中的那篇文章，余秋雨写得真好！”

我不知道他说这句话什么意思，或许他只是想起了那篇文章，也可能他想起了许多那文章之外的事，诸如过去等。我没有再臆想，开门见山地问他：“她去美国你愿意吗？”

“她在选择去美国的时候就跟我提出了分手。我们上个月已经分手了，所以不存在愿不愿意！”他把手上的汗水擦在了裤腿上。

“我知道所谓的分手旅行对于我们这个年纪是有些幼稚，但是不知不觉已经走了一个多月，攒起来的奖学金也就要花完了，你看，现在我们已经在玉门关附近了，很奇怪是不是？嘿嘿嘿！”

我不知道怎么回复他的第一句话，于是，就只是听他自顾自地说着，说到嘿嘿嘿时，能看到他脸上稚嫩的无奈。

从洞窟走出来，又在沙漠中走了走，我就看到太阳已经在西落，沙子的温度也变得温和了许多。我们一行人都把鞋子和袜子脱掉，走在沙子里。快七月了，我不知道为什么在这样的季节还是会有风，一阵阵温暖的风吹在身上很舒服。我们挑了一块地方坐了下来。导游嫌我们散漫，于是让我们签了一个免责说明书之后，便扬长而去，剩下我们几个人倒是清净了些。太阳就要下山了，把天的那一边映衬得比朝霞还要火红漂亮，沙漠似乎也变成了红色。我拿出手机提议自拍一张作为纪念。镜头里的几个人因为夕阳的缘故而满脸通红，但还是勉强拍了一张大家都笑着的照片，我发给了女孩的微信上。

因为行程安排的原因，那天晚上十点左右的时候，我们一行人就分开了。女孩和男孩拿着酸奶递给我，他们装不下那么多了。

我透过栅栏看向他们，他们已经背向我走远了。车站广场的人并不是很多。我远远地看见女孩蹲在了地上，男孩站在一旁手足无措，于是又蹲下去帮女孩整理了头发，继续站起来手足无措。我不知道发生了什么，但我的心情已经变得不那么轻松，无能为力的无奈侵袭而来，觉着有深深的惋惜。

检票口终于响起了开闸的铃声。我托起行李，再一次看向他们两人的位置时，已经没有了人，广场上连一个人都没有了，只落下几盏发着黄光的路灯，孤孤零零，照射着一片小小的地方。

晚上，我再一次失眠。无聊翻看朋友圈，看到女孩发了一则状态：走在路上就全身心地走在路上，没有悲伤，这就是旅行的意义！

配图是我给他们两人拍摄的背影。逆光的两人看不清服饰，只能看到两个牵着手的黑色人影。

在老成持重的年纪里年少轻狂

说真的，不再年轻的我已经逐渐释怀对于年龄的恐惧。

从前几年开始，身边所有的奶气小孩儿都已经将我称为“叔叔”，并且我总能在密密麻麻的文字当中寻到“三十而立”四个字，我才开始惶恐。原来，我的年纪已经那么大了，大到成为长辈，大到要独自一个人生活打拼，要一个人承受所有的生活琐碎。我甚至认为老成的我不应该再落泪，也不应该再去争夺什么，甚至我曾认为人生已然如此，顺其自然便好。

可是几年过去，经历了许多事情的我慢慢淡然平和，开始接受年龄在我身上留下的所有东西，并且享受它。我也逐渐忘记了人们对于年龄的刻板定位，于是，我才说，要在老成持重的年纪里年少轻狂，活得自我。

1 ///

我刚在爷爷的坟前烧了纸。原本他老人家的棺材因为没有吉日而被放在早前挖好的洞窟里，没有堆成坟冢，我还能触碰到他的棺材。但等我在他老人家离世的“四七”那天烧纸时，棺材已经被固封在洞窟里，也堆了冢，冢上搭了一层层的花圈。就这样，我有了生命中第一次的深切体悟，何为阴阳永隔。于是，我落下泪来。

去年夏天，已经患有多种致命疾病的爷爷摔倒了，一病不起，成了半个植物人，不会说话，不会吃饭，但意识清醒。

我第一次到医院看望他老人家时，他插着尿管、氧气管、针头，整个人骨瘦如柴。我走近他，低头叫了句爷爷，于是，他把插着针头的手抬了起来，摸了我的头，呼吸急促，他想要说什么，但说不出来。

住院的日子一久，老人的生命质量就低了。由于肾脏功能问题，爷爷的身体开始浮肿，尿管里也时常有血流出来，医生说出了电视里时常能够听到的那句话。所以，我们把老人接回了家里，并且开始准备后事。于是，他老人家奇迹般地在家里撑了四个多月，但在2016年元旦前夕，离开了人世。

早些日子，我写了一篇文章叫作《死亡的颜色》，那是我在爷爷去世之前经历过的几次死亡，在文章里我说，我见过了五颜六色的死亡，于是在差不多快要成熟的年纪，对于死亡已经没有了太多的感性或者情感波动，我只把它当作是一个自然而然的生命过程。然而等到我连夜赶回老家，走进灵堂，看到冰棺里被冷冻的爷爷，他穿戴整齐，面色青紫但面容安详，灵堂的桌子上摆满了贡品，插满了鲜花，但无论如何，爷爷他老人家终究是吃不到嘴里，看不到眼里了。于是，我几近晕厥，号啕大哭，如今回想，已经有数十年不曾那样毫无忌惮地哭泣了。

最难的路是将爷爷从家里送至坟地的那一公里，我和大哥走在车队的最前头，我举着幡，大哥抱着相片，我喊："爷爷过路。"大哥喊："来了。"我想，是我亲自把爷爷从温热的家引至冰冷的洞窟，再被厚厚的土埋上，然后再堆成一个坟冢。每每想到这里，我的情绪都会比较激动，心口憋得厉害。

我终于知道，任何死亡都不是五颜六色，它只能是黑色或者灰色。这个世界上也绝对不存在任何死亡是欢乐的、平淡的，它只能是悲怆的、剧烈的、撕心裂肺的。

于是，在人们认为的老成持重的年纪，我原本不应该像个孩子一样哭泣，但我放声大哭，像一个婴儿，我只希望我声音够大，爷爷的脚步够慢，慢到能听到我的哭喊，来弥补未见最后一面的遗憾。

所以，我想说，不再年轻的你，在该流泪哭泣的时候请放肆哭泣。

2 ///

2016 年初，我的第一本书由“悦读纪”出版发行，我成了一个有了自己作品的半职业写作者。即使不敢称自己为作家，但最起码，我离它不那么遥远了。在 25 岁的年纪有了一本属于自己的书，我是幸运的，但比起幸运，这一本书还带给我许多东西，让我不知所措，诚惶诚恐。

我忘记了那场签售会的具体日期，但应该是假期，因为工作日我有许多工作任务需要完成。那晚，台下坐着几百名大学生，花花绿绿的，很是青春洋气。等到读者提问环节，有一个姑娘拿起话筒说：“您的书里，我最喜欢的一篇文章是那篇序言，叫作

《我用二十年死去》，我和您的经历相似，谢谢您教会我在生命中坚持，也谢谢您告诉我生命中最需要做的事情不是斗争，而是相处！”她全程用“您”，场下的学生没有发现什么异样，但我已经不知如何回复她，心里有些慌乱。

她自始至终都没有问问题，说完那些话之后，把话筒递给主持人，平静地坐了下来。等到签售会结束，我要离开会场的时候，那个女孩又一次出现在了我的面前，她说：“抱一下可以吗？”于是，我就抱了她一下。她有些哽咽，说了一句“谢谢”。

在那一刻，我开始有了些许不安和不知所措。如果按照出版社的嘱咐我应该淡定自如，我应该表现得像是个经历过大场面的人，但我毕竟难掩喜色，拥抱过后，我从包里拿出一本书，签上了名字，写了很长的祝福语，送给了她。

这一年中，有许多人关注了我的微信和微博，在验证通过时都会备注许多恳切的话，所以，我并没有拒绝多少。有一些加了我微信的人在嘘寒问暖之后便直接进入主题，向我要一本签名书。如果我不答应，还有人破口大骂，我觉着无理取闹，只能拉黑。于是我看到他登录微博，说一些难听的话，并且 @ 我，还会带上关于我那本书的话题，络绎不绝。

2016 年年末，我的公众号发布了一篇原创文章，后来我在后台看到一则留言："你爷爷死了没多久你就玩手机，真是不孝！"

那个留言的人并不知道我的公众号有专业的编辑团队在运作，我并没有参与多少。而正在奔丧的我那时正穿着孝衣，夜深人静，似五雷轰顶，一时间无言辩驳，难受至极。

等到处理完丧事，我将事情的原委回复给他，他不依不饶，我也回复了一句难听的话，然后将他拉黑，心里极其顺畅。

在旁人定义的应该老成的年纪里，我曾以为我是一个学会了淡然处之的成年人，淡然平和。但此刻，我才真切理解，这个世界上确实存在着各种各样的人，或好或坏。我想，我们并不需要无条件地接受所有人，也并不需要喜怒无形。我想我还是一个少年。我还是会因为某一篇文章入选媒体的年选或者合集而雀跃，甚至奔走相告，也会为了陌生人的指责或者谩骂而难过。我并不是我想象中的那个老成持重，我还是那个生活在平常世界里的年少轻狂。

路还很长，要遇见的人还很多，我想说，不再年轻的你，不要再受旁人的委屈，更不要去委屈自己的情绪，生活已经如此艰难，我们需要善待我们自己。

3 ///

我看过许多优秀的电影，我对于“优秀”二字的判定标准有很多，其中最重要的一条是它能让我惧怕或者不忍片尾曲的响起。

我们都很害怕终结，一场努力筹划许久的期盼会在结束的那一刻变得情绪复杂、怅然若失。这是正常的，因为在很多时候，我们并不知道下一步怎么走，我们并不知道还有什么可以支撑起生活的重心。

我也曾有一段时间是浑浑噩噩的，我热爱自然，我已经在过去的年轻岁月里走过了中国的大多数地域；我梦想有一本属于自己的书，而我的书已经属于畅销；我热爱我的工作，但我已经感到前所未有的疲惫，没有激情，按部就班；我渴望爱情，但屡屡无果后我避而远之。于是，我突然好像变得没有什么目标，就像是一幕幕大剧已经全部落下帷幕，一切都要结束似的，一切都已经注定似的。我有些恍惚。

我的朋友圈里有几位有名的作家，其中有一人登上了中国作家富豪榜单，有一人与“水木年华组合”拍了一部公映的电影，还有一人参与录制了数档电视节目（她在新一季的“奇葩说”中表现非常优秀，圈粉无数），还有包括十点读书在内的许多媒体的创始人。

你猜，他们在干什么？

他们还在不停地奔跑着。李尚龙大哥在凌晨四点的书店里读书写作；午歌在两天内完成两个省份四场新书签售会，之后他回到公司检修电梯，因为他是机械工程师；傅首尔姐姐把飞机上的座椅当成了自己的床；林少先生天南海北地参加各式各样的会议。

我想，他们的生活中，每天都会有许多大剧落幕，会有许多片尾曲响起，也会感到迷茫无助。但他们依然像是一个猛虎一样生猛地前进。

他们其中有人在去美国度假之后发了一条朋友圈：所有的拼命并不是为了证明我存在的价值，我碌碌无为或是大名鼎鼎都是天地间的唯一，无须证明。我是为了这一刻：我终于可以自由选择，选择我的生活，选择我的工作，选择我的爱人。

我盯着手机屏幕看了许久，我发现我好像并没有强大到能够选择什么，我在更多的时候都像是无奈地妥协，像是有什么东西在推着我，而我之所以没有反抗是因为我要生活，我要活命。听起来，很悲惨的样子。

未满 30 岁，好像并没有我描述中的那么年老，于是，我又把它定义为还可以悬崖勒马的年纪。

现在是凌晨两点，西安的夜晚还是比较冷的，我披着毛毯坐在椅子上写着这些文字，而这是我目前的生活状态，白天的正职工作没有受到任何影响，甚至越来越热爱与得心应手，晚上写作也是享受至极。Kindle 里的书也以每周一本的速度“消亡”着，认识了许多不怎么著名的作家。我突然变得不那么恐慌了，踏实下来了，有一种舒适的安全感弥漫开来。

于是，我在逐渐老成持重的年纪里，像一个少年般开始再一次迈开步子走了起来，满是期待。我知道我期待着什么，我期待着可以自由地选择，选择一切我想要的，做一个尽量不被生活胁迫的人。

于是，我已经不再惧怕年龄，不再惧怕年龄下的刻板定义。我接受并享受年龄，我要在老成的年纪里年少轻狂。我要在悲伤的时候流眼泪，我要在开心的时候大笑，我要在愤怒的时候发怒，我要在没有动力的时候再一次为了自由而奋力前进。

明天，
所有都会好起来

2017 年早春的某一个日子，天气还没有回暖，路上的行人大都穿着厚实的衣裳。我从热闹的人群中穿过，显得很小心，一个很大的挎包被我夹在腋下，我的另一只手紧紧地捏着它的拉锁。大挎包里面还有一个小包，小包里藏着一个皮夹，皮夹里有一张银行卡，那是我所有的家当了。

我很紧张地跟着办事的业务员东奔西走，并不知道我具体在做些什么，只记得签了很多字，按了多次手印。等到将银行卡插进 POS 机要输入密码的时候，我才从紧张放空中醒来，只要我的手按下 POS 机上的“确认”键，那我卡里的所有钱就都会被一瞬间划走，换来一张房产证书和一串钥匙，那已经是我做过的最大的决定了，可我没有犹豫什么，潇洒地按了下去。

将所有手续一齐塞进大挎包，语气轻松地和办事员说了谢谢、再见，然后坐在了 604 路公交车上一个靠窗的位置。透过车窗玻璃我看到还未发芽的树干以及熙攘的人群，大家都排着队等着刷卡提房，每个人都是不一样的表情与反应，但没有一个人是在开怀大笑。在那一刻我很恍惚，但并不知道为何恍惚，总觉着莫名其妙又矫情，直到银行发来信息，余额显示为寥寥时，我才大概明白，原来莫名的恍惚来自于，26 岁的我将再一次变得身无分文。但我又很惊讶，原来再一次身无分文也并没有像之前那样让我惶恐不安与伤感。

我坐在车窗边儿上，想起我大学毕业的这一年多，为了人生中的第一笔房产的首付款所付出的辛劳。我在广州 40 度的温度下，曾因为冰镇西瓜太贵而只是咽了口水后便匆匆离开；我也经常在辛苦了一天的工作后，为了几百元的稿酬而熬夜赶稿，很多时候，完成文章修改时已经凌晨四点，以至于好几次在机场的卫生间昏睡过去。即使我想起来了这些，但我并没有什么多的情绪产生，我像是一个成熟的男人那样接受了，心平气和。

2005 年，那时我小学毕业，大姨家的养鸡场因为拆迁施工而关闭，一时间，靠养鸡场维持生计的母亲失业，我们一家人又随着房子被推平而变得居无定所。

那些日子，我们借住在亲戚家，放学后，我便跟着母亲跑到小镇的角角落落寻找便宜的房子租赁，要是遇着大雨，母亲就把我安置在路边的房檐下，她继续打着伞，寻找房子。我至今都能够回想起大雨落地时溅起的泥水以及母亲挨家挨户地询问可以租赁的房子时的身影。

后来，我们找到了一套有地板并且还吊了漂亮屋顶的套间，租了下来。我把存在存钱罐里的散钱全部拿了出来，交给母亲，让她置办家用的东西，母亲用我的钱买了一台绿色的二手小冰箱，我还记得它的模样。在买冰箱的那一堆散钱里，有一张是面额 50 元的，在那样的境遇下，我是不大可能一次性攒够 50 元的，那是捡来的。

那天我骑着自行车，身后飞驰而过一辆摩托车，后座上的男人在裹紧衣服的那一瞬，衣服的下摆因为风的张力而鼓得很高，随后，我就看到有几张纸币飘落了下来，等我反应过来时，他们已不见踪影。可能是从小就缺钱，所以那时的我对钱很痴迷，所以也就不知道哪里来的勇气直接从自行车上跳了下去，车子还未停稳，于是我摔破了膝盖，但也并没有觉着疼痛。我兴奋地捡起散落在地上的纸币，当看到有一张 50 元的时候我便开始紧张，于是都没有来得及数清楚总共有多少钱就又骑上自行车逃离了案发现场，我害怕有别的比我更大一些的人看到我，和我抢钱。

回到家，清醒了之后，才看到血肉模糊的膝盖，也没有怎么处理，找了一张白纸贴在了膝盖上。后来化脓严重，我又把结痂的白纸和肉分离，很疼痛，但并不觉着有什么难以忍受，要知道，我是一个有了近一百元的孩子。

也是从那时开始，我就有了攒钱的习惯。

等到我们租到了漂亮的房子，我便把那几年攒起来的所有钱递给了母亲，换了一台冰箱。由于时间过于久远，我并不能回想起当时的感受，也不能臆想，但翻开日记本，有这样几句话：

虽然妈妈把可以有隐私的套间分配给了我，但我好像有些难过，我玻璃瓶里现在什么都没有了，我原本打算暑假的时候用那些钱买一双旱冰鞋的，这下又要等个几年了。不过我们家也有冰箱了，我能把白糖水用洋瓷碗冻成冰，很好吃。我妈还说等到有批发雪糕的车子的时候，她就给我们批发一些雪糕冻起来，想什么时候吃就什么时候吃。

如今读来，不觉得伤感，倒觉得有一股温暖与感动。13 岁的我并不知道如何煽情与描绘复杂的心情，但我能读到 13 岁的我在变得身无分文时的淡然，我在那时还想象着母亲的承诺，她说她会给我和姐姐批发好多的雪糕，想什么时候吃就什么时候吃。

我已经不能清楚地算出来那是什么年份了，只记得那时我还住在农村，是个不满十岁的少年。那一年父母离婚之后，原本家里所有的东西都被抛下，母亲带着我和姐姐离开了我居住了五六年的院落，来到相对平坦的水源地生活。那是我第一次感觉自己一无所有，包括我那为数不多的几样玩具也被丢下了。

到了新住处之后，只有几间平房和田地，由于已经错过了春种，于是分给我们家的地上都是野草，一点儿生机都看不到。母亲领着我们几个人将快要荒废的土地从新翻转，种上了葵花和玉米，长势不好，等到秋霜降落下来的时候，玉米和葵花还没有完全成熟，于是，那一年的收成勉强够一家人自足。

随着我们家劳动力的增多，收成越来越好，能卖钱的东西也逐渐多了起来，我们开始赶集，开始养兔子、养猪，生活变得忙碌丰富，也好像真的富裕起来了。

我们在那个村子收成最好的一年冬天，雪下得特别早，导致堆在院子里的玉米、葵花籽都没来得及打成粮食。父亲的赌博债主可能是听到了母亲那些年收成不错的消息，于是成群结队地来了。母亲是个坚强并且宽容的女人，她想要平静的生活，于是与我们商量后，让那些穿着黑衣服的男人搬走了所有的庄稼。

原本堆满庄稼的院子变得萧条狼藉。我想这又可以说成是再一次的身无分文。我在那些男人搬走庄稼的时候并没有什么大的感受，只觉着来年的冬天，我们的庄稼又会堆满院子，日子，总会好起来的。

没有想到，在吃了一个冬天的洋葱与土豆之后，肚里没有一丁点油水的我在饭桌上撒泼大哭。我可能感到了委屈，说不清楚的巨大的委屈，哭得上气不接下气。母亲为了哄我，骑着自行车，从姥爷家要来了一大条猪肉，猪骨头连着五花肉的那种，烩着酸菜和粉条端在了我的面前。那是一种最简单的知足，我笑得很大声。

母亲又说，来年就借钱买两只猪崽儿，再过年的时候，我们一家人吃一头，如果吃不完，就把肥肉炼油，存在瓷罐子里，能吃好久好久。另一只猪会卖掉，卖的钱攒起来，买衣服、自行车、羊羔，还有电子手表……

于是，写到这里的我突然有些感动了。

我经历过太多次的身无分文。从幼小时庄稼被搬走，到少年时存钱罐被掏空，再到成年时期将所有的积蓄一次性花掉，我逐渐学会了如何处理身无分文的情绪。

我总相信母亲的那些话，明年就又会拥有，会有一堆雪糕，会有一只羊羔，也会有一辆自行车，都会拥有。

第二辑

在艰难的生活中保持微笑

在艰难的生活中保持微笑

当我定下这篇文章题目的时候，我仔细斟酌了一番，我不确定它的逻辑与情感的合理性。在纠结之中，我的大脑快速地出现了几个回忆的片段。在对那几个回忆片段做了梳理与总结之后，确定地将我接下来要书写的文字定义为——在艰难的生活中保持微笑。

1 ///

等我下班，坐上回家的地铁已经是夜里十一点钟，原本很拥挤的列车变得空空荡荡，嘈杂的车厢也终于变得安静，能够听到车轨以及车厢外面气流摩擦的声音。

坐在我斜对面的是一个年轻的短头发女孩，她穿着配了领结的纯白衬衣和一条很职业的黑长裤，干练清爽。

我之所以能在疲惫的状态下注意到她是因为她正在用手机通话，情绪很激动。虽然她的声音很大，但由于不知道前因后果，所以我不确定她在讲些什么，只见她慌乱地比画着动作，像是在解释一件很重要的事情。她逐渐缓和下来，表情也变得温和，眼里噙满了泪水。在她眼里的泪水第一次滚落的时候，我终于听到了一句："我明天一定能完成，求求您了！"

如果电话那头的人能够看到这个娇小的女孩说这句话时的表情和动作的话，我相信他一定会动容，她已经是在祈求了。

电话终于挂断了。我想，电话那头的人可能是没有再给她选择的机会，她明天也没有"一定能完成"的机会了。于是，女孩把手机倒扣在座椅上，两只手捧着自己的脸，算是号啕大哭了，整个身子都在微微颤动，很让人心疼。

电话再一次响起，女孩先是用手把脸上的泪水擦了擦，注视着手机好几秒，才接了起来，说道："妈，我还有两站就到了，别让我爸再到门口接我了……嗯……好咧！"（女孩说到"好咧"两字的时候，音调自然上调，很活跃俏皮。）

我看到女孩挂断了母亲的电话之后，她把手机连同自己的手都放在了腿上，目光平和地看着对面的地方，那是一片漆黑的窗外，我不知道她在想些什么。

女孩把自己的包打开了，她翻了一会儿，从那个黑色的小包中拿出来了一个有粉垫的盒子，她先是用纸巾把脸上的眼泪擦干，而后用粉垫往自己的脸上扑粉，在鼻翼和脸颊处还多拍了几下。我又看到她拿出一支口红，用手机当作镜子，仔细地描画着自己的嘴唇，描画完毕，抿一抿，发出“巴巴”的响声。

我看着女孩还在用手机当镜子，补着妆。在那一刻，不喜欢浓妆的我是那么喜欢那个女孩。我甚至还有点感动。

她即将下车回家，她的爸爸一定是在门口等着她了，说不定她的妈妈还做了夜宵给她。于是，她在遭受了刚才的痛哭或者也还可能是失业的创击之后，决定要把哭花的妆容补起来，这一切绝对不会是给旁人看的，因为漆黑的路上已经没什么行人了。她是化给家人看的，这并不是她对于父母的欺骗，也不是她害怕得不到父母的开解，而是她作为一个成年的女儿，她有义务微笑，她有责任让比她还脆弱的年迈的父母放心。

这是最感人的用心良苦。

最近的我很疲惫，完成着本该属于两个人的工作量，红血丝已经充满了眼球，这使我对于生活有着太多的偏见与失望。前几天母亲打电话给我说她关节已经没那么疼了，我应该表现得兴致更高一些才对，毕竟母亲的关节病让她的生活那么痛苦，可我没有，而当她又问我工作顺利与否的时候，我随口而出，实话实讲，不顺利。

于是，我想起来母亲挂电话时的语气，她说："妈妈也不知道怎么帮你。"

你能想到我听到母亲略带自责地说她不知道如何帮助我时的心境吗？当母亲说出那句话的时候，我便后悔告诉她我的不如意了。我想，我早一些遇见这个补妆的女孩就好了。那当母亲问我生活如何的时候，我就会笑着告诉她："你养的儿子那么优秀，还用你这么操心啊？嘿嘿！"

我期待我母亲回复说："我儿子最棒了！妈妈要去跳舞了，再见。"

2 ///

2017 年 5 月的某一天傍晚，我出差了许久之后，从很远的一个地方赶飞机回到西安。因为在飞行过程中遭遇了非常严重的强对流天气，所以我终于成了一个经历过虚惊一场的性命危机的人。在那一刻，我除了显示出高度的紧张之外，也还思考了许多不符合年龄或者不符合逻辑的话题，我甚至有一些恍惚，恍惚于艰难的生活、脆弱的生命等。

但生活好像并没有给我太多思考、矫情的时间，毕竟家里还有好几个工人等着我。

回到家中，已经是晚上八点。几个负责装柜子的工人席地坐着，抽着烟。我不知道我的家遭遇了什么，一片狼藉，几乎没有落脚的空隙，才装上去的白色纱帘脏了一片又一片。见我进了门，高个子的工人大哥最先站起来，客套了一番后，表明自己等我那么久的原因是：活儿就要干完了，老板交代，今晚要把尾款结清。

我不是一个啰嗦的人，几个屋子的木柜已经全部做好了，只需要安装一些把手以及把破坏了的石膏线补齐就算是竣工。

几个叼着烟的男人承诺会在明天全部做完，并且希望我不要刁难他们。于是，我把剩余的尾款一分不差地转给了老板。我是一个从小到大都擅长理工科的人，做事情讲求逻辑与合理性，但我已经太过疲惫，我不想再因为合理的交工结款的过程而与他们发生不必要的争执，我也不想再耗费一丁点儿情感听他们说他们也是打工者，生活太不容易，云云。

等到那几位工人走后，我便开始打扫卫生，先是把大型垃圾装箱规整，而后又跪在地上用抹布细致地擦着地板、桌角。收拾完客厅的卫生，已经是晚上十点，几个卧室也一塌糊涂，但我已经没有什么精力了。于是瘫躺在了地板上。

我掏出手机，试图与做工的老板约一下明天的完工时间，但等我将信息发过去许久，对方才回复了一句：等工人闲了再说。

我知道，我算是上当了，或许也不能说是上当，是我已经失去了一切主动权。劳累、失望、愤怒，所有的情绪一拥而上，要冷静，谈何容易，于是我用文字讨伐了他们的失信失德，果不其然，我被对方拉黑。

夜里十点，我被那一天所有的经历击倒在了地上，情绪复杂。我挣扎着站起来，走到宽阔的阳台上，前面的几栋楼灯火闪亮，透过薄薄的纱帘，我能看到有人影在屋子里走来走去，偶尔还能听到几声狗吠和小孩的笑声。而这时终于开始有翻涌的难过席卷而来，但这并不能让我不自持地哭，我也不会因为这样的事情流眼泪，它很复杂也很简单，复杂于情绪，简单于它就仅仅是生活而已。

在阳台上站了许久，情绪逐渐平稳，我准备洗漱休息了。当我走进厕所，面对着镜子中的自己的时候，愣了几秒，于是，扑哧一声笑了。那是一面破碎不堪的镜子，前几天在买回来的路上被我打碎了，但那些碎片还互相粘连着，因为还需要再花一千块才能换一块新镜子，我打算先凑合几天。

我为什么要突然在一面破旧的镜子面前笑呢？那时屋子里除了我再没有任何人，我是最真实的自己，并不是在表演我的豁达。我突然在那一刻明白，原来生活在无时无刻地给我们制造艰难，而我们也确实一直都生活在或大或小的艰难之中。

所以，并不是我的生活艰难，而是生活本身就是艰难的。如若我还想要生活在这样的生活中，还想要感受除了艰难之外的别的什么东西的话，我似乎没有太大的必要抱怨和矫情。

如果说满身疲惫、心情失落的我第一眼看到破碎镜子时所发出的笑是自嘲的话，那么，在想明白了“生活本身是艰难的”之后，我的笑便是真诚的笑了。屋子里还是没人，我知道那是笑给自己看的。

我想，我需要告诉自己：如此的豁达、卖力，甚至会感恩生命，这所有的一切都不是献给艰难的生活的，我不会去感恩那些给我的生活制造艰难的人或者事，我是在感谢那个从所有的艰难中走出来的自己。我需要认同破镜子里情绪复杂的那个我，我需要鼓励还将面临太多艰难的那个我。于是，我才笑了。

3 ///

该如何面对给我们的生活制造艰难的那些人呢?

在地铁里补妆的那个女孩祈求电话那头的人，她希望能获得再一次的机会；我用激动的语言批判了施工方的失信失德，于是，他把我拉黑了。

所以，我想，那个地铁里的姑娘一定和我一样，非常后悔。站在高处的那个人，以他独有的某种权力制衡着站在低处的我们。此时，作为弱势的一方，我们求饶、怒吼甚至是谩骂，都是一种毫无意义的抵抗，是在用他们预设好的方式进行着反击。于是，这是在助长他们的气焰，甚至是在某种程度上取悦他们，我们成了真正的弱者。

还是微笑吧，即使很委屈，即使在某一刻会觉着自我欺骗，但对于站在高点的那个制造艰难的人来说也算是一种意想不到的反击，告诉他们，他们似乎并没有他们以为的那般强大，他们用力地暴击，也只是换来了一个浅浅的甚至是鄙视的微笑。

此时是夜里十二点，我才从外地坐了几个小时的火车到达酒店，身体疲累。但我不再说什么多余的废话，不再渲染什么多余的情绪。我现在打算到酒店前台买一瓶牛奶，然后睡个安稳的觉。我会对酒店前台的姑娘说：“你好，这么晚打扰你，不好意思，给我来一瓶牛奶！”

然后，给她一个真实的微笑。

总有一些
无法逾越的山和水

1 ///

现在是2016年12月的一个深夜，距离我踏入25岁还有一个多月的时间。您看，认真算起来，我只是一个24岁的小伙儿，却在这里拿着笔淡定地书写“逾越人生山水”这样的词语和命题，真有些不知深浅，自大狂妄。

我此时是在中国西北的一个旅游城市，酒店里的许多住客和我一样，因为空气干燥而流了鼻血，他们要求装一台加湿器或者退房，服务生对这两个提议都束手无策。于是，他们口干舌燥地争吵着。我并不关心这场战争的输赢，也没有像其他人那样加入他们的骂战，我放弃了斗争，因为我知道并不存在什么有意义的结果，我也知道有更简单轻松的解决方式。

我来到浴室，把柜子里所有可以吸水的毛巾都浸泡在了浴缸里，又把湿透的毛巾挂在房间的角落，不久就感受到有温润的水气漫在屋子里了。我睡得很舒适安稳，并不觉得有多干燥。

2 ///

20世纪初，我母亲抛下陕北农村的牲口和庄稼，带着她的几个儿女跋山涉水来到一个不大的城市投靠亲戚。我曾经在不懂事的年纪冤枉委屈，那时的我并不会因为母亲带我们逃离落后与贫穷而对什么东感恩西，因为陌生的城市在我感恩之前就已经让我困惑难挨。

我的大姨为了让我能顺利进入当地的一所小学读书，她一手拖着我一手提着鸡蛋和干净的母鸡。我们在萧瑟的寒风中站立了不知多久才被一个卷着头发的女人招呼进了屋子，那个女人就是我后来的副校长。坐在沙发上之后，我开始哭，背诵着大姨教我的说辞，哭诉着自己的不幸以及对学校生活的憧憬。副校长毕竟是个女人，她抹了抹眼泪，收了鸡蛋和鸡。

在回家的路上，大姨摸着我的头，说了句：你一定要争口气。

第一天到城市上学的时候，我穿了一双新布鞋，母亲还给我的头发抹了水，做了发型。我那时不懂得什么是霸凌，只知道我从第二天开始就再也没有碰过布鞋，说话之前也是思考再三，避免出现任何一个有口音的文字，并且从不主动加入旁人的游戏。

终于，我还是变成了一个没什么朋友的男孩，母亲也从第一个星期开始，每周都会被老师叫到办公室说些严重的话。于是，我想回家，放羊、种地。

事情的转机出现在某个周五的傍晚，我之所以记得周五，是因为我上学的学校每周五都会更新后墙黑板的板报。那次轮到我跟班制作，我拿着粉笔在黑板的角落画了一只吃草的羊，说是羊，其实也并不像，很丑。我想在画完之后就擦掉，因为那只丑羊是我曾经养过的，它会暴露我来自农村的身份。但没承想，几个同组的学生把那幅画留了下来。也是因为那幅画，我第一次被老师夸奖。

由此，母亲和我都坚信，我就要成为伟大的画家了。于是，母亲从她每月三百元的工资中拿出一百元，给我报了一个美术班，十万火急的。我能体会到母子二人抓住了救命稻草那一瞬间的盲目和冲动，不惜代价，紧紧地抓住。

我顺利进入到美术班学习画画，画室就在校门口隔壁的大屋子里，来来往往的人路过窗子，我能感受到有些人是羡慕我的，羡慕我这个光是圆形就练习了一个多月的孩子。也就是说，我用我母亲的一百元钱画了一个不怎么圆的圆，接下来，又学习了方形、三角形，等到终于开始画苹果的时候，我才知道我无论如何都不能把桌子上的苹果画出来，是真的。在那个年纪，我还不太懂得什么是绝望，可等到我的美术老师警告我不要再到画室学习，并且不用我再交学费的时候，我的大脑一片空白，并且哭到差点儿断气，毕竟，我把我和母亲共同的救命稻草弄丢了。

我还是会厚着脸皮准时到画室学画画，发呆，学费也会准时上交，但有来参观的家长看到我的画之后，就否定了老师的教学水平。也就是从那时开始，我无论如何都不再被允许踏进画室，有一种辱没师门的耻辱背负在我身上。

我还是会在固定的时间站在画室的门口，或者别的什么地方，有人路过问起，我会撒谎说是被老师罚站或者外出尿尿，罚站和尿尿远比被开除好听和容易接受。让我如今依旧记忆深刻的是一个下雪天，我站在画室门外，蹲着，我怕老师看到我后赶我走，大风和雪呼呼地刮向我，冷得刻骨铭心。画室下课，老师抓住我的衣领，说了一句：“贱坯子。”于是，其他的一些学生也窸窸窣窣地叫我“贱坯子”，我才真的委屈地哭起来，止不住地流眼泪。

你以为我没有努力学习画画吗？我把画画的铅笔削得很漂亮，也把橡皮擦修整得方方正正，可等到我坐下来，拿出画纸，落在画纸上面的图画却丑陋不堪、奇形怪状。我把简单的苹果画过至少上百遍，正方体也画过无数遍，可我自己都不能说服自己画板上那漆黑一团的东西竟然是拥有名字的模具。我无法控制我的手，我也并不懂得线条的柔美表达。

母亲还沉浸在成为画家母亲的梦里，还是会每月拿出一百元让我带给老师。我把那些钱分成两部分，一部分用来买画画书，就是可以描画的那一类，我把描摹的那张纸撕下来交给母亲，她说画得真好。我把另一部分钱攒了起来，也就是从那个时候开始我有了攒钱的习惯，小学毕业，我足足攒了一千多元。

这样的折磨直到我小学毕业，从那时候开始，我已经融入城市的生活，也有了喝过血水的义气兄弟，因为学业繁重，母亲再也没有让我学习画画。我也再没有碰过画笔画纸，那些像灾难一样的器具。

后来，我上大学时，有一门课程是工程制图，就是用直尺把你看到的某个零件或者机器用线条表达出来，结果那又是灾难一样的画作，无论如何，我都画不好。也是从那时开始，我才终于释怀，我之所以不会画苹果，并不是因为老师的冷漠，也不是画室学生的霸凌，更不是我不够努力，而是因为，画画对我来说，确实是永远都不能横越的一座高山。

这一顿悟，距离我站在雪地祈求上天给我一双可以绘画的手，整整过去了 15 年，似乎真的晚了些。

3 ///

在我不长的人生经历中，有三个女孩的身影，都是被我标上了恋人的名字。这三人中有的已经嫁为人妻，有的已经印象模糊，还有一位就是我接下来要书写的她，我永远都不能逾越的一湾水。

我们拥有交集是在成年之后，具体是如何相识，我确实已经忘记。只记得，见了第一面之后，我们加了微信，那一天，聊了好久好久，话题从电影到书籍，甚至还骄傲地分享了我们对生命和人生的看法，从第一晚聊到了第二天的清晨。我提议索性不睡觉，一起去街上吃个早点，于是，我们就有了第二次见面。

后来熟识了，你解释说那一晚之所以聊那么久是因为你改变了对我一贯的认知，可以描述成：你终于知道我并不是你以为的那般冷漠、无趣——这样才显得更直白精准。仅仅是一个好奇心膨胀的姑娘发现了一片不为人知的土地时的自然反应罢了，并不需要大惊小怪，想入非非。

你总是把一切都说得云淡风轻，把一切原本意义非凡的东西都删枝剪叶，剩下光秃秃的一根树干，毫无美感与生机。

大学毕业前夕，你发来微信告诉我说想要出去走走，具体去哪里还不确定，于是，我把积攒了几年的稿费取了出来，先是到北京接你，而后转至成都。我们两个不富裕的游客走在成都大大小小的街巷，在兰桂坊的一家酒吧里喝了几杯饮料、听了一个短头发女孩的爵士音乐，你告诉我那女孩的T恤简直不能再好看了。兰桂坊酒吧街上行人很多，他们大多手里拿着一瓶酒或者一根烟，而我们自从酒吧出来就径直走到一个烤串的摊点儿，要了一份五块钱的炸豆腐，于是，路上所有妆容精致的男女都看着我们，很难忘。

我忘记了成都有一条什么河，也或许并不是河，只是一条水渠。清晨的光还不是特别刺眼，我们走在湿漉漉的石板上，你说我太高，于是，我把鞋子提在手里。我现在还能记起树条荡漾、微光初现时，我们寂寞无语，静静行走的场面。我想，我确实是很爱你的。

后来，我选择南下广州工作，你选择到上海读书。2015年圣诞节前，你从上海到广州，我们走在广州塔下看四射的灯光还有隔壁珠江上的游船。那几天，广州开通了电车，车站的地上铺了一片鲜绿的草皮，加上站台灯光的照射，那绿色倒是柔和了，非常好看。你穿着一件黑色的连衣裙，踩着五厘米左右的鞋子，站在草皮上摆了一个姿势，等到其他人拍照离开，我按下快门。等到电车驶入站台，你慌忙地向我的方向跑来，一边跑一边问我拍到了没有，拍到了没有。

是的，我拍到了。你生日那天，我将那张“美到飞起”（你喜欢用飞起形容一切美好的东西）的照片发布在了各个社交网站，配文“且行且珍惜”。你打电话给我，很着急地让我删掉，你说：我又不是你女朋友。

我才像被抽了一巴掌一样醒过来，你确实还不是我的女朋友。

2016年春天，你打电话告诉我你有了男朋友，是一个白净的博士学长。我没有见过他，也没有打探过，所以也就只能用白净、博士这样的词语来形容他。从那时起，我就再也没有主动联系过你，但你倒是挺仗义，在我新书宣传阶段，刷屏吆喝，也买了不少寄来让我签名，随书一起到我手里的还有一幅油画和一封足有十页的手写信。我在回寄的签名书里，挑了一本，写了一句话：

你走慢一点，好吗？

2016年夏，你和那个白净的博士学长分手了，我打电话给你，你笑着说，矫情什么？别说什么安慰的话，有本事你现在飞来上海，我就是你女朋友了。

你明知道，我会的。

我们打完电话已经是傍晚，那时，我在球场，没来得及回家换衣服就订了一张去上海的机票。飞机落地虹桥机场已是第二天凌晨，跌跌撞撞见到你时已经是早上七点。你戴着毛线帽子，黑色的长筒布靴子陪衬着刚至膝盖的裙子。我们像往常那样拥抱了一下，你悄声说了句：我是你女朋友咯。

那可能是我近几年来最开心的一刻，倒不是说我生活得不快乐，而是那种纯粹的开心是可以和其他的开心区别开来的。那天，我们原本打算去新开张的迪士尼，但我因为工作而需要急速返回。我们没有感到多失望，我们都说：来日方长。

等我飞机再一次落地，又是凌晨，我走进候机楼的厕所，没想到醒来时已经是第二天的早上。我昏睡在了厕所的马桶上。清晨机场的旅客很少，我站在大镜子前把自己梳洗打扮了一番，然后大步路过零星的行人，走出机场，一点都不觉得疲惫。

然而，我们真正在一起的第三天，你发了一通短信：对不起，我努力了很多次，我做不到，祝你幸福。

我打了无数个电话给你，没有回应。于是，我发了短信：OK。

这应该可以被狭义地理解为奇耻大辱吧，我想。我确信我会删除你所有的联系方式，并且，我会像幼稚少年那样铺天盖地地散播你的谣言，我甚至可能会写一篇文章，让更多的人讨伐你。但实际上我什么都没有做，把你微信删除后又加回，把你写在电脑里再删除。我在你这里，失去了许多我曾引以为傲的东西。

前几天，你在朋友圈分享了一位主播的录音，你说那是你最喜欢的声音。我几乎动用了我在文字圈里所有的人脉找到了那位大名鼎鼎的主播，我拜托她录了一篇我的文章，里面有这样一段话：

他们身后深灰色的楼已经旧了，我不知道名字的阔叶树投下一层又一层淡淡的阴影，也有星星点点的阳光掉下来，落在地上，特别漂亮。我感慨地坐在那条大长椅上，心想，这对无声的老人一定经历过坚定的等待，也一定经历过玫瑰蜡烛的诱惑和岁月的相濡以沫，以及这正在进行的暮年搀扶。一不小心，成就了——来日方长。

我没有把主播的音频发给你，但我相信你已经听过了。我慢慢地开始坦然，我把你视作我生命中难以逾越的高山险水，那你又何尝不是也把我看作是那高山险水呢？你曾经因为我鲁莽的付出而感动，于是，你说服自己小心翼翼地试探，从一次次的出游，再到上海的那一个拥抱，长达数年的拉锯折磨让我们疲惫不堪，甚至生出芥蒂。终于，你确认，我真的是你生命中的无法逾越。

我也终于承认了你在我生命中所扮演的角色，那座我看不到顶峰的山，看不到边际的水。面对你这样的存在，我想我不一定非要翻过、跨越，毕竟路上还有许许多多的风景，而我只是让你立在那里，静静地存在就好。

我知道，我已经淡然地放下，如释重负。

4 ///

我有一个要好的朋友，在两年之内参加了数次公共考试，最终都以落败告终，当我见到颓唐不堪的他开始怀疑自己的价值时，我心痛不已。我曾在一家公司面试时认识了一位帅气的小伙儿，我们面试的公司，他已经是第三次投递简历，甚至在我们见面时，他都没有接到面试邀请，但他还是来了，结果，简历完败的我面试成功，他丧气而归。我还有一个朋友一直想要成为一名职业讲师，于是她辞掉国企的工作，学习了两年讲师课程，工作至今没有着落，依然奔波在考取职业讲师证书的路上。她给我讲过一段，我想，她真的不适合。

过去的那么多年中，我们听过太多“坚持不懈”“不达目的誓不罢休”“勇攀巅峰”等类似的告诫，甚至我们所接受的教育也是如此。但我们忘记了在那些积极的倡导后再加一句：生命中，确实存在无法逾越的山峰和险水，以及那一个个无法触及的目的地。

世界上绝不是仅有一条路可供行走，放弃在很多时候也并不是消极，因为当你疲惫不堪、回头望去时你会看到许许多多条更宽更亮的路途在等着你。

我又想起我开篇的那几段文字，生活中最大的智慧是相处，并非战胜。成熟淡定的相处方式就是我们要逐渐承认这个世界上总有我们无法逾越的山水，而且，并不是每一座高山都需要我们去征服，就让它们永远存在于那里，我们心怀敬意就足以！

后来，我们选择了善待自己

1 ///

我在6年前认识了一个非常不错的朋友，暂且叫他GG。在高中时期，他是我们班里的篮球主力，学习成绩更是名列前茅。高中毕业后，我们一起去西安读书，我就读的是一所普通的重点大学，他就读的学校则是全国排名前十。

大学四年时间，我和GG并没有亲密的交流，因为都忙碌着自己的事情。我们偶尔会叫老同学们聚在一起喝一场酒，谈谈过去，再聊聊未来。我算是很会察言观色的或者说我很擅长从一个人的行为洞察到他的心理状态。每次在一起的时候，GG都给我非常正面的力量，他热情地哄骗着快要喝醉的人再多喝几杯酒，也好抢着去埋单，状态极好。

前几天，他在朋友圈发了一篇文章，洋洋洒洒千字有余。老同学在评论墙刷屏夸赞 GG 文采斐然，把他当成神一般的存在。但对于一个写了许多文章的我来说，我似乎捕捉到了他字里行间的难过，甚至能够用痛苦这个词来形容。于是，我发私信给他：怎么啦？他回复说：东旭，我们去喝一杯。

我们不是喝了一杯，而是喝了一打儿。

GG 来见我的时候，我正在网球场打球。他安静地坐在座椅上等着我，低着头刷着手机。我也是不经意间才发现他已经等了我很久。虽然天色已经暗了下去，但我能看到他严肃并且紧张的脸，他比我们上一次见面时更加寡言。但酒过三巡后，GG 开始流泪。

原来，他遇到了三件事。

第一件事：他在那所名牌大学里学习的专业是生物工程，对于目前国内的需求来说，他的专业绝对属于冷门。于是，他在毕业之后选择了一份销售的工作，勉强度日。是的，一个学习了生物工程的名牌大学毕业生选择了一份卖餐具的工作。GG 是个自我认知度很高的人，于是在工作了三个月之后，辞去工作，选择考研。结果是他考取了另一所排名前十的名校，大热的计算机专业，这是件好事。

第二件事：他的弟弟今年高考，不出意外的话会考上名牌大学，需要学费；他的妹妹出嫁在即，需要嫁妆。然而，他只有一个务农的妈妈。

第三件事：他正在吃抗抑郁的药。

“我家现在只有我妈一个人在劳动，我怎么能那么自私，我应该赚钱养家。”GG 用方言把这句话反反复复说了无数遍。

我在微醉的状态下思考着他正面临的问题。或许只有经历过贫穷或者苦难的人才能够完全体会他的痛苦。这一份重量并不是旁人加在他身上的，而是他自己把自己逼迫在了狭小的屋子，并且用最畸形的道德观拷问自己，一遍又一遍。

空瓶中间放着一口锅，锅里的红汤沸腾着，虽然是在炎热的六月，但依然能看见水汽。隔着淡淡的水汽，我看到我面前这个已经 26 岁的男人乌青着脸，眼睛聚焦在一个地方。他没有像之前那样给我劝酒，或者偷偷地把自己杯子里的酒倒在地上，也没有抢着去埋单。我在那一刻其实还是有些伤感，会心疼他，会觉得他委屈地思考着并不是他应该思考的问题，而这个问题永远都不会有一个正确答案。

那晚，我们喝了很久。隔壁桌子的人陆续离开了，GG 开口问我：“东旭，我该怎么办？”

我已经在他问我这个问题之前就做了无数种假设，但是任何一种建议都是不成熟的并且没有做到彻底的感同身受。于是，我回答：“我不知道！只有你自己知道答案！”

我认为这是最诚实也是最负责任的回答。

前几天，我在西安碰到GG，我提着笨重的行李，他拿着一个文件袋急匆匆地走着。我们两人互相击了一下掌。

我问他：“现在在干吗呢？”

他回答：“正在代写论文，过几天回去看我妈！”

“想得怎么样了？去读研究生吗？”我问。

“去！以后的事儿以后再说！今晚咱们一起吃饭。”GG已经离我几米远，侧过身子向我招手，露出一排洁白的牙齿。

看着他的背影，匆忙、高大。我在那一刻深吸了一口气。终于，他善待了自己，真正意义上的善待了自己。

2 ///

我在很多篇文章中写过我的另一个朋友Y，那几篇文章发表之后，我收到很多读者的反馈，他们一直在问我，那个帅气的大男孩如今顺利毕业了吗？有工作了吗？女朋友找到了吗？我统一回复：没有！

Y 是我大学生活中非常显眼的一个朋友，而此处的显眼并不是因为常规意义上的优秀所致，相反，他是一个我一提及就会忧虑并且担心他又会出什么乱子的人。

当我们顺利拿到毕业证书的时候，他被通知延迟毕业，并且托人找到的工作也遭遇滑铁卢，最严重的是，他的家庭发生了山崩地裂般的灾难。当我离开西安前往广州工作的时候，他已经身体憔悴，在床板上躺了多日。

在我工作后的很长一段时间，Y 都过着极其混乱的生活。白天睡觉，晚上在网吧打游戏，等到没有钱的时候就会坐车回家“勒索”家人或朋友，还会张口管我要钱。最终，我在给 Y 打了几次钱之后，将他拉黑。我自私地认为他可能会拖累我前进的步子，同时也想让他冷静地意识到并没有什么人可以一直帮助他。

我见过太多放弃自己的人，甚至自杀的也有。但是当我非常好的朋友在绝望的时候选择彻底放弃，我还是无法接受。如果除去情感，更准确的说法是，我于心不忍。我能预想到他继续混沌下去的后果。一个衣衫褴褛的俊俏青年因为无为而与家人、朋友决裂，做着苦力，或者因为压力变得抑郁，走在街上，目光呆滞，看到我，还记得我，叫着我的名字。我想，如果面对这样的场景，我会崩溃的。

去年秋季，我在广州还未站稳脚跟，但还是咬着牙把Y叫到了我身边。我到机场接他的时候，他看到我，站在原地没有动弹，但在我们碰拳的时候，他声音哽咽着跟我说："东旭，兄弟我过得不好呀！"眼泪随即流了下来。

在与我同住一个屋子的那一个月，Y从来没有在我睡着之前入睡过，他一遍一遍地给我讲着自己曾经犯下的错误。他洗澡的时候会哭，还会用手掌扇自己巴掌，走出浴室，满脸红肿地跟我说洗澡水太烫了。

在Y提出想要回西安再看看有没有合适的工作时，我没有挽留。在他离开之前，我带着他到广州的地标建筑——广州塔上转了一圈。因门票太贵，我从来没有踏上过广州塔的观光电梯，但是在他离开之前，我想带他看一看这里的繁华。

晚上的广州珠江区域灯火辉煌，隔壁的几栋大楼变换着漂亮图案的LED灯光。观光台子上站着许多穿着精致的人，还有搂抱着拍照的男男女女，珠江上的游船来来回回，渡着乘客。我心情复杂地看着这一切，Y也看着。等到我们准备回去的时候，他转向我说："东旭，这个地方挺漂亮的，你好好加油！"

送他到车站的时候，他整个人已经比来时精神了些，话还是不多，也没有说什么再见面时要如何如何之类的话，我们只是有一搭没一搭地互相叮嘱。就在快要检票的时候，过来了一对夫妻，男的没有胳膊，脸上全是被烧伤而留下的疤痕，女的手里拿着一个掉了瓷的碗，站在我们面前不说话，只是抖动着碗里的钱币。我的包里有一些零钱，但是在很深的夹层里，我不想翻找，于是我对站在我面前的两个人说了句"不好意思"。他们没有离开，还是继续抖动碗里的钱币，发出很刺耳的声音，我有些尴尬和生气，于是打算用凶狠的眼神赶走他们。Y 卸下了背上的大包，里面全是我塞进去的风干海鲜和水果，他把那些东西都堆在了地上，找到了自己的钱包，拿出了一张五元和两张一元的人民币递给了那对残疾人夫妇，说了一句："来，拿着。"

我有些愕然，心里升腾起非常多的希望和欣慰。

回到老家的 Y 还是沉迷了一段时间，等到他发微信给我说想让我资助他一笔钱，他想到西安打工租一间房子住的时候，我答应了。

今年春天，我去西安出差，他说要请我吃饭。我坐了很久的车到他工作的地方，虽然很远，但我能确定那个站在路边穿着正装的人就是他。我看到他把手里厚厚的传单递给路过的人，面带微笑，嘴里还说着一些我听不清的话。他身后是一栋装潢得很漂亮的售楼中心，里面还站着好几个精神抖擞的年轻女孩。Y 成了一个房地产的销售人员。

饭桌上，我们的菜很简单，酒也没几瓶。我匆匆忙忙地询问着他的近况，他也老老实实地回答。我问他怎么会“屈尊”做销售，他回复我说：“思想腐朽落后的东旭啊！”于是，我捧腹大笑。

那天，埋单的时候，我没有和他抢，我静静地看着他走到收银台，拿出一张银行卡，一边刷卡一边和服务员说着什么。在那一刻，我心满意足，并且对他有了莫名的安全感和感动。

其实，很多的时候，我们对于自己最大的善待不仅仅是让自己过得多么舒服，还要对我们的未来负责、对我们的人生负责。因此，成就自己就是善待自己。

3 ///

2016 年 5 月 24 日晚，我在广州一个偏僻的巷子里点了排骨土鸡粥，还要了肠粉和鸡腿，一个人吃着。这些精致好吃的茶点都是新同事带我来品尝过的，在去年我刚到广州工作的那天晚上。我是一个很重视仪式的人，于是从决定要离开广州的那刻起，就一直盘算着再去吃一次。一个人吃，食物点多了，也不会觉得浪费。

我回到出租屋的时候已经是夜里一点，把灯打开，住在我隔壁的舍友还没有回来。我把鞋脱了，光脚站在浴室的地板上，因为拖鞋已经被我打包放在了行李箱中。当喷头的水洒在我身上的时候，谢天谢地并不是很冰凉，如果水是刺骨的，那我也只能咬着牙继续洗下去，我答应过舍友不会再开启热水器，他说太费电，于是去年整个冬天我都是用凉水洗的澡。

我平静地坐在光板床上，手里握着一瓶冰凉的啤酒。电风扇吹出来的三档强风把垂在发梢的水滴吹落，掉在我的肩膀上，我头脑非常清醒。我最害怕清醒，因为清醒就容易陷入回忆，而回忆就一定伴随着批判和伤感。

2015 年 6 月，因为很多复杂的原因，我最终选择从西安来到广州的一家公司工作。我并不是戳破天空的金箍棒，于是也并没有想着要在未来的日子里成为多么伟大的人，但切实的理想还是有的，比如温柔的南方姑娘、房子以及稳步上升的工作。但是后来我才发现，我所理想的东西正是很多人拿着金箍棒也未必能得到的，于是自嘲自己的幼稚和不懂社会的残酷。

2015 年 12 月，我的第一本书出版，这本来就是我人生中非常重要的一件事儿，当我得到确认出版的消息时我一整晚都没有睡着，想象着一切美好的东西，我想无论如何都要在第二天约上两三个好友大吃一顿。但是天亮之后，我竟然找不到一个能称得上是朋友的人。

那一刻，我问我自己：半年过去了，你是否在广州有了可以分享快乐和倾吐苦水的朋友？或者说，再给你半年时间，你是否能找到那样的人？答案是，没有，找不到。当我一个人提着箱子，腋窝底下夹着被子，而另一只手还要拿着大黑伞遮雨，寻找一处可以居住的出租屋的时候，我就知道我并没有什么真正的朋友。公司的本地人讲着我听不懂的方言，而外地来的人和我一样忙碌地做报表和出差，我也时常能看到他们为了融入一个陌生的环境而做出的苦苦挣扎，也看着他们一个接一个地离开。于是，那个闷热的夜晚，我独自拿着手机看了一场电影，买了三片西瓜，庆祝我出版了第一本书。

2016 年 1 月，是春节前最忙碌的一段时间。我用四天的时间完成了半个月的工作安排，还做了几场签售会，并且在 1 月 20 日那天完成了 4000 公里的行程，我使用了轮船之外的所有交通工具。在第二天凌晨三点的时候我抵达广州白云机场，下了飞机，径直走到机场休息室的卫生间。我把行李箱放在厕所小隔间的门外，吃力地将双肩包挂上挂钩，坐在了马桶上。没有脱裤子，我并不是要上厕所。我小心翼翼地将塞在耳朵里的棉花抽了出来，看到那团棉花已经被耳朵里的液体浸染湿透，呈淡黄色，虽然没有时间到医院去检查，但是我知道平均每周四次的长途飞行已经让我患上了严重的中耳炎。我用棉签和药水将耳朵清理干净。很久了，我还是坐在马桶上，并没有人催我，机场那时已经没有什么人。

终究是要走的，我觉得我已经无法站立，最后用仅余的毅力站起来，把双肩包背上，拿起行李箱，没走几步，突然头晕，身子有些站不稳，赶紧顺手扶着厕所的门，但最后还是没有站住，顺势瘫坐在了地板上。迷迷糊糊之中，我惊恐起来。

第二天醒来的时候，我还是坐在那个马桶上，行李箱和双肩背包都放在我的脚边，厕所隔间的门锁着，不知道我是怎么爬到了马桶上，我也幻想了很多种方式，想着想着就觉得不论是哪种方式都会让我感到委屈。我深吸一口气，站立起来，拿上行李在梳妆镜前慢慢地洗脸、剃须、涂爽肤水、戴上墨镜。路过匆忙的人群，我大步走出机场。

2016 年 4 月，我爷爷突发脑溢血，半身不遂，我从广州回到陕西的医院，他盖着白色的被子睡着了。挂在病床左侧的药瓶子在滴着点滴，爷爷的两个脸颊可能是因为疾病而深陷得厉害，似乎真的是皮肤包裹着骨头。我不忍心看他的手，肿得不像样子。

爷爷醒过来的时候只是睁着眼睛看天花板，我凑到他跟前跟他打招呼，问他感觉怎么样。他却不说话，隔了很久才叫着姑姑的名字。爷爷和姑姑说的话，虽不清晰，但我听到这样一句：辉娃回来了吗?

辉娃是我的乳名，我的爷爷好像已经不认识我了。

可能是我年纪尚小，并不能在这样的年纪说清楚到底什么样的抱负才算是好的抱负，抑或者说我不知道一个优秀的男人到底该如何披甲，驰骋沙场。但我知道生活应该是什么样子。我也知道我目前的生活正在用尽全力折磨着我，甚至继续下去可能会发生令我终身悔恨的事情。

于是，我在稚嫩的年纪、在还可以悬崖勒马的年纪，选择不再折磨自己，选择一份淡然的、哪怕是会被旁人说成是不思进取的生活。我拒绝了领导加薪和升职许诺，自愿带着行囊回到西北，回到那片温柔的故乡。

我曾经尝试过给很多人讲述摆脱被折磨的道理，也同样会有人给我讲同样的道理。但是最终我发现我们的语言是苍白无力的。你没有办法叫醒一个装睡的人，我也没有办法拯救一个愿意自我折磨的人。我与我的朋友所遭受的学业、事业、家庭上的困苦，我想有太多的同龄人也正在遭受着，而这个世界上的天使并没有那么多，我们要学会做自己的天使，做自己的拯救者。

因此，亲爱的朋友，请选择善待自己。

母亲的房子

不知道母亲能否读到这篇文章，我想还是不要读到的好。

1 ///

1970 年左右，母亲此生居住过的第一所房子因为她爷爷的问题被推倒，于是他们一家六口就借住在了几间被村里人废弃的房子里，直到 1980 年。

姥爷是个嗜赌的人，如今七十几岁，依然会骑着摩托车到处找寻老朋友打上几小时的麻将或是摇一摇骰盅。1980 年夏天，他赌了一场大的，并且输了。十几个恶狠狠的男人来到家里要钱，看到家徒四壁，于是他们抄着家伙把房子里不多的器物拿得一件不留，走的时候还把土炕的炕皮也敲碎了。那时，我的两个舅舅还没有成年，小舅也才七八岁的样子，想象着，一家无处可去的人无助地站在破败的家里哭着喊着，还是会令人动容。

母亲那年十七岁，当姥爷提出要将她嫁到陕北山沟里换彩礼、再用彩礼钱给她母亲和两个弟弟盖房子的时候，她并没有抵抗。母亲在给我讲述那段历史的时候，轻描淡写地说："我看到你舅舅的袖子已经破得很厉害，脚也冻得皴裂了，我还看见地上有一个空着的蓝沿儿大碗，你姥姥还坐在烂炕上哭呢。"

于是，她嫁给了我的父亲，开始了一生都不曾幸福过的婚姻生活。

用我母亲换来的那座院落我是见过的，到现在还记忆犹新。院子里有三间住人的平房，西边还有几间非常破败的棚子，我见到棚子的时候，它们就已经被弃用了，而被用作牲口的饲料房，里面尽是些玉米和晒干的苜蓿。那三间住人的平房是土坯房，很矮小，颜色和北方的黄土一样，从远处看，它们与土地混为一体，只能看见三扇窗户，窗户上时常贴着各种颜色、各种形状的窗花，走近些看，窗花也并没有那么艳丽了。院子的门墙是用泥土混着麦秸夯成的，而大门则是几根用铁丝连接着的木桩，一开一合之间，已经让地面有了一条不深不浅的壑路。大门一旁拴着一条黄色的狗，后来，又换了几条颜色不同的，狗窝的南边有一个猪圈，我记得姥姥在那里面养着一头年龄很大的母猪，隔一段时间它就产一窝猪仔，贴补贫穷的家庭。

2004年，父母已经离婚，我也小学毕业。姥爷把家里的人都叫回了那座院子，说是要将那排土坯房和西边的棚子一并推倒，再建新的砖瓦房。

姥爷说那排土坯房算是母亲的房子，所以他想问问母亲的意愿。但母亲一句话都不说，其他人盘腿坐在炕上吵闹着，她把地上的玉米秸用膝盖折断，填进土炕，脸被炕洞里的火照得通红。

姥爷最终还是请阴阳先生算好了日子、时辰准备动工，在阳光下晒了很久的鞭炮终于发出了刺耳的爆裂声。浅红色的鞭炮衣被炸上空中再缓缓落地，没有风，它们就安静地定在地上，被很多大人的脚踩踏着。大人们用很粗的麻绳把三间土坯房包裹住，像是包扎一块被子一样，出现很密实的线络。准备就绪，大舅喊了一句——“起咯”，于是，每个人的手里都攥紧绳子，又把绳子扛上肩膀，肩膀上垫着棉布，使劲地向前拉着，像极了我后来在电影当中看到的拉纤的纤夫，还喊着响亮的口号。终于，轰隆一声，三间土坯房倒地了，向着南方倒地了。那是我出生以来所见过的最大阵仗，我站在院子的远处一动不动，看着黄色的土升腾而起，久久不落。那一声轰隆巨响也从院子出发传出去了好远，将树上的鸟惊飞了，随即从远处传来混乱惊慌的狗吠。

西边的太阳就要落下去了，阳光照着院子外围的树木，它们已经没有了树叶，干枯的树影像是插进了土地一般。

我看向母亲的方向，她站在不远的山坡上，用袖子擦着眼泪，不知是怎样的心绪。

2 ///

母亲从平坦的水源地嫁入陕北的一个深山沟，也就是我度过童年的地方，叫砖井。20 世纪 80 年代，我的爷爷和奶奶在砖井还操持着一个富裕的家，他们倾全家之力，为身为长子的父亲建造了全村第一排半砖半土结构的婚房，迎娶我的母亲。

我们家的院子在村子的南头，地势很高，即使是发了洪水，也没有像旁人的窑洞那样受到损坏。那排房子一共有三间，宽敞的大房用来接待客人，里面有一盘能够容七八人睡觉的大炕。除了大炕占去一面墙之外，剩下的三面墙边分别摆着衣柜和盛放粮食的大柜子，中间是一架火炉。我现在依然记得那些漂亮的大柜子上面画着非常好看的图案，有龙凤还有许多雀跃的鸟儿，炉子在冬天的时候是火红的，母亲在炉子上面蒸着土豆或者馒头。

大房的两侧是两间比较小的卧室，靠西边的住着我们一家，后来，二爸结婚，东边的那间就住上了二爸一家。

我在很多文章里提及过那间我住了整整七年的小卧房，尤其是炕上的那张粉红色的木桌子，桌子上面总是摆着能够抵抗饥饿的食物以及一把自制的扫炕笤帚。虽说那是一间非常小的卧房，如今有了平方米的概念，算下来也就是二十几个平方米的样子，但是它承载了我整个童年时期的喜怒哀乐，母亲的十余年光阴，以及母亲与它的纠葛。

正对着我们家小卧房的是一排窑洞，等到我有了记忆的时候，它们就已经变得颓败，甚至连一个像样的窗户和门都没有，里面堆放着许多杂物。那排窑洞里有一孔窑还是有炕的，炕上经常有一个用干草堆成的鸡窝，在干草上会卧着一只母鸡，它的肚子下面是温热的蛋。我记得有一年夏天，可能是由于年久失修，那孔有母鸡孵蛋的窑洞突然在漆黑的夜晚发出了一声巨响，倒塌了。我母亲拿着银色的手电筒冲了出去，我光着身子跟着她。母亲把手电筒递给我，并嘱咐我把那圈不怎么亮的光正对着那堆废墟，于是，我能看到母亲用两只手扒着黄土，动作迅捷，直到她把一只疲软的鸡提在空中。

我母亲哭了。她曾经幻想着那群小鸡可以孵出来、长成大鸡，然后将大鸡贩卖掉，买回绵羊再慢慢变成黄牛，确实是美好，但是它们随着窑洞的倒塌破灭了。我母亲坐在废墟上喘着粗气，右手提着一只已经死亡的母鸡，鸡的胸脯那里还沾染着蛋黄。我听话地照着母亲的方向，能看到她满身的黄土以及凌乱的头发，有些狼狈和绝望。天空已经微微亮了，父亲玩麻将还没有回家，母亲等不到父亲的帮助了，她走进厨房架起灶火，把那只母鸡开膛破肚，毕竟不能把它白白地丢在沟里。

等到我睡醒的时候，小卧房里的粉红色方桌子上已经放了一盆鸡肉，散发着诱人的香气，桌子的边儿上也已经围满了等着开饭的村里的亲戚。

那顿丰盛的早餐到底有多美味、吃了多久我已经忘记，但我知道等到父亲下午回到家中后，母亲就一直在委屈地抱怨，抱怨父亲只知道赌博而没有及时地加固窑洞，抱怨一只母鸡和许多即将出世的小鸡被黄土埋没。父亲不怎么还嘴，但我能看见他正在做爆发前的酝酿。

其实自打我记事儿起，父亲与母亲的关系也就只能用“维持”来形容，他们总是因为诸如洗脸水的温度而发生争吵以致厮打，每次厮打过后，父亲都会离家数日，有时候母亲也会领着我跑到她的娘家。然而母鸡被压死的那次，他们二人谁都没有走，吵架的声音越来越大，母亲开始将柜子上的花瓶摔到地上，红色花瓶里插着几支不怎么艳丽的花儿，混杂在细碎的玻璃渣子之间。我心里突然兵荒马乱，有一种特别不好的感觉，那个时候还不知道预感一词，只觉得心口被很重的东西压迫着。

父亲从大门外的柴垛上一次又一次地抱着柴火进到大房里，再把那些柴火堆在房间的正中间，很高的一堆，像一座坟冢一样，即将触碰到大房的屋顶。父亲一边咒骂着一边用火柴从柴堆的底部点燃柴火。烟和火苗同时升腾起来，干柴烈火，发出嘎巴嘎巴的响声，随之而来的还有热浪，就要逼得我无法呼吸。

无助的我开始号啕大哭，用手扯着头发，母亲也瘫坐在了地上。

闻讯赶来的村里人一齐把熊熊的火扑灭了。火焰殃及了房梁的椽子，我能看到屋顶被烟熏得很黑，隔开大房和小卧房的门帘完全被烧毁了，我不知道那门帘是什么质地的，只看到它被烧作一团，它上面画着的喜鹊也被烧没了脚和头，留下一个身子勉强地吊在门框上。大房炕上的床单也因为飞溅的火星而留下大大小小的洞，再加上满地的灰烬和玻璃碎渣以及各种喊叫与哭声，那个场景真的非常狼藉。即使是过去了很多年，我依然不愿意过多地描写。

我的父亲要把我们的房子烧掉，到现在我都不能理解父亲的行为，更不用说原谅。但我一直都知道他与母亲的矛盾不仅仅因为一孔窑洞或者一只母鸡，也并不能确定到底是他们二人谁要负的责任更大些，因为年龄小，我知道的并不是很多，在后来的日子里也没有勇气问任何人。

除了之后的法庭相见，那次事故应该是父亲与母亲最后一次面对面的冲突，此后，他们分开生活。那几天，也是我母亲住在她的第二所房子里最后的几天。

母亲再也没有踏回过那座院子半步，甚至都不曾提起。

后来，村子里的人越来越少，那座曾经为了迎娶母亲而建起的院落因为无人看护而被弃用，短短几年，已经变成了残墙，零零落落地定在院子中间，看上去还真有一些深沉的感伤。

3 ///

作为远近几个村子中第一个与男人离婚的女人，母亲已经不能在家乡待下去了，甚至我姥爷也放出气话来要与母亲断绝关系。受压的母亲先是带着我们几个孩子到另一个村子生活了几年。后来，中国农村人外出打工的浪潮席卷到陕北的农村，于是母亲毅然地带上我与姐姐到外省的一个小镇投奔我的大姨，来到了她生命中的第三所房子。

大姨和姨夫经营着一家养鸡场，母亲帮忙饲养，也时常会带着鸡蛋和鸡肉到市场上销售，我和姐姐一边上学一边做些零碎的活儿。那时，我们与大姨一家住在一座租来的院子里，房子的质量非常差，在那个小镇算是危房，十几间房子的墙面上都写满了用白色圈圈围着的“拆”字。

20世纪初，我们落脚的小镇正在大力地开采煤炭，坐落在小镇周围的几个大型电厂也拔地而起。随着小镇快速发展的还有大姨的养鸡场，姨夫已经从老家雇用了四五个工人，一切都是那么忙碌红火。

我母亲的娘家还是那么贫穷，因为大姨的关系，我的小舅一家以及大舅一家，加起来有十个人左右，都陆续来到小镇谋生。大姨托人把小舅安排在了当地的一所学校食堂，做些馒头和糕饼，而大舅则是向大姨借了一笔钱，在小镇的中心地带开起了一家小饭馆。虽说都是有了自己的生意，但是还未盈利，于是他们全部寄住在大姨的养鸡场里。一时间，原本就拥挤的养鸡场变得更加紧张，大姨夫的脾气也是越来越大，院子中亲戚之间的矛盾都在合情合理的预想中积蓄着。

我与母亲以及姐姐住在鸡场院子的最东边，靠近厨房。我们的房子里有一台非常大的冰柜，里面放着被褪毛开膛的鸡肉，以供第二天的销售，似乎全家人的生计都在指望那台发出声响的冰柜。有一天，不知道是院子里的谁偷走了几只冰柜里的鸡并且卖给了当地的一家饭店，大姨夫真的是绝望地愤怒了。他怒吼着要将大姨的娘家人全部赶出院子。姨夫站在冰柜的边上，把冰柜的盖子揭开再非常用力地盖上，反反复复，在那一揭一盖之间，我的心跟着蹦跳着，非常恐慌。

不知道是谁非常大声地告诉所有人“鸡是辉娃偷的”。也就是在我还一头雾水的时候，大姨一脚踢在了我的屁股上。很重的一脚，我随即趴在了砖地上，一时间并不知道如何求饶与哭泣，也没有人阻拦。大姨又提着我的领子，把我拎到了院子里。我记得，我当时躲在了一架装水的车子旁边蜷缩着，紧紧地抓着车子的栏杆。大姨拿起院子里的一把扫帚，扫帚把儿是实木的，那根实木的棍子敲打在我的身上，不知多少下之后，它就断成了两截。

大姨夫叹着气拉开了大姨，说着，别把辉娃打坏了。

我看到大姨坐在院子里委屈地哭了起来，我能感觉到她比我还难受。

所有人都知道那些鸡并不是我偷卖的，但在那样紧急的时刻，需要有人替罪，需要有人将大姨夫的愤怒转移到同情之上。我不知道为什么那个人是我，在有了成熟的思想之后，我想到，自己被打能够换来我母亲以及她的娘家人可以继续寄住在大姨家，就觉得很值得，甚至还有一些微微的感动。而我也并不会怪罪什么人，在那样复杂并且难挨的日子中，任何人都不比我轻松，任何人都比我委屈和伤感。

后来，小镇开始了大规模的拆迁和重建，原本租来的大院子也都要被推倒了。大姨在小镇的边角处买了一块地方，打算用所有的积蓄建起一座属于自己的院子。那时，我母亲已经有了一些积蓄，大姨建议母亲把积蓄添在一起，等到房子建好，能够分给我们几间明亮的大房子，那样，我的母亲和我就真的有了属于自己的容身之处，大姨夫也同意了。但我母亲拒绝了。

我一直都不敢说自己很了解母亲，就像我并不能完全理解她为何要拒绝大姨的善意一样。前几年，当我问起母亲这件事的时候，她淡淡地说了一句："我怕你和你姐再被打。"

我突然有点难受，但也说不上是哪里难受，只觉得不怎么言语的母亲有那么强烈的寄人篱下的痛苦，只觉得我和母亲的弱势感以及内心不容侵犯的自尊很强，彼此矛盾却令人欣慰。

大姨兴建的三十六间房子拔地而起，四排呈阶梯状，最高的那一排房子还贴上了光亮的瓷砖，非常大气漂亮。当喜庆的鞭炮声响起，大姨夫从房顶上向前来道贺的人们撒糖，母亲欢乐地捡着地上的糖果，动作夸张、笑容真实，再急匆匆地塞给我和姐姐。

在一阵喜庆之后，母亲领着我和姐姐站在了路边，手里提着大大小小的行李，大姨夫的三轮车上还有送给我们的两张旧床和一张很小的桌子。我们打算就此离开大姨，独自生活。

在大姨的养鸡场工作了五六年之后，由于长期把手掌泡进清洗鸡肉的冷水里，我母亲的关节严重变形。这应该是我能想到的母亲离开的最直接的原因，还有别的什么原因，我并不是很清楚。于是，拿着糖果的我们成为那个小镇无家可归的人，也是从那时开始，我的母亲就开始了漫长的租房生活。

4 ///

母亲第一次租住的是我同学家的房子，有20平方米左右，还有一个只能放得下一张单人床的隔间，她把那个隔间分配给了我。房子有白色的吊顶，是新装修的，之前的租户不知道因为什么把房子引燃了，一时间惊动了好几辆消防车来灭火。我母亲因为它的租金低而选择了这间被旁人认为是不吉利的房子。很草率地，我们就住进了母亲的第四所房子。

这并不是很大的房子，说起来也是母亲从农村到城市谋生之后第一处用自己的努力租来的房子，所以她似乎很激动。那一整天，母亲都戴着麻色的头巾一直忙碌着，还去市场上的布店扯了一大块花布，裁裁剪剪之后竟然也还漂亮地挂在了窗户上。母亲还买回来了一面蛮大的梳妆镜，镜子周围还镶着放香皂以及梳子的盒子，很精致漂亮。那天收拾妥当之后，母亲带着我到刚刚拆迁过的废墟那里又拾回了一个被人丢弃的沙发，暗红色，她把白色的带有喜鹊图案的床单折叠之后用作沙发的套子，非常合适。细细看起来，一间被大火烧过的房子在我们的一阵布置之后竟然也有了一种温馨感，有了一丝家的感觉。

一盏45瓦数的白炽灯投下来昏黄的光，母亲摘下头巾，仔细看了一阵屋子里的简单家具以及坐在沙发上的我和姐姐，很满意地说："呀，美！"

母亲是个非常能干并且节俭的人，自打她决定离开大姨那时起，我就知道她心里萌生了一个宏大的目标——买房，平房或者单元楼房都可以。母亲经过熟人介绍获得了一份工作：将机器制作出来的楼板修补完整，再用非常巨大的铁钳子把多出来的钢筋剪短，简单却辛苦。再后来母亲还在晚上兼职给宾馆打扫卫生。在母亲攒钱买房的那几年时间中，我觉得我生活得很辛苦，我所有的零花钱都是来自于我自己的勤工俭学以及暑假的时候伙着其他孩子到工地上拾别人不要的铁皮或者钢筋。而我的母亲也逐渐进入到一个疯狂、充满精力的阶段。她又辞掉手上的两份工作，艰难地与我的大舅妈合伙开起了小饭馆，早晨卖些早点，中午和晚上会卖陕北的炒菜和面食，还请了一个服务员。

狭小的厨房里到处都是让人不能呼吸的油烟，黑色的换气扇发出笨重的声音，靠近灶台的玻璃上布满了油渍，傍晚的阳光就是从那布满油渍的玻璃射进了厨房，微弱地照在我母亲的围裙上、脸上。她正在小锅里炒着一盘菜，旁边的大锅里有沸腾的面汤和零星的几个饺子。我已经站在水缸那里给我母亲说了三遍我要一百块钱，并且很急。那时我已经读到了初中，自己的勤工俭学已经不够支撑我的日常花销，所以时常会伸手向母亲讨要。但我不知道是因为忙碌还是别的什么原因，母亲一直紧锁眉头没有给我答复。

太阳越来越低，就要到晚自习的时间了，这时候，服务员掀开门帘冲着母亲喊了一声：“阿姨，催菜了，催菜了！”母亲把锅里的菜放在小碗里尝了一下，准备装盘，而我作为一个叛逆期的男孩，已经在极大地控制着自己的情绪。

“给我一百块钱，听到了吗？”我的声音很大。

我母亲毫无征兆地给了我一个用尽全力的巴掌，随后，她又将炒菜的勺子敲在我的后背上。我的眼泪不由自主地落了下来，要知道，自从父亲离开我们之后，我便很少哭泣，而那次的眼泪怎么都止不住，甚至到最后我因为哽咽而无法站立，用一只手扶着水缸，全身都在发抖。在那一刻我是恨我的母亲的，攒钱买房是母亲的愿望而不是我的，房子对当时的我来说只是用来睡觉的地方，而母亲之所以想要一套自己的房子，不过是虚荣地想要证明自己的能力罢了。那时的我，确实是这么想的。

在我成年之后，我时常与母亲聊起她过去打我的事情，那一巴掌也每次都会被提起，母亲告诉我她已经忘了那件事儿，但她说如果联系起当时的状况，那应该是她在拼命赚钱、攒钱的过程中也积攒了无处排解的委屈和仇恨。是的，母亲非常真实地诉说着如果不是我与姐姐的拖累，她会生活得轻松许多，于是，有时候她会将生活的苦难转变成对我和姐姐的仇恨。而当我又问到为什么在那个傍晚用一个巴掌纾解仇恨，并且对象是我的时候，她说那只是一个巧合。

2007 年，我初中二年级，母亲的存款已经够买一套售价 5 万左右的单元楼房。虽然母亲没有告诉我什么，但是我能感受到她从心底发出的兴奋和慌张。她每天中午都会到小镇的角落转悠，在告示栏的位置站立许久。我母亲也悄悄地托熟人帮她注意有谁要卖房子。而那个被嘱托的人一定是大张着嘴，表情夸张地看着母亲：“春霞，你要买房了！”随后，那人会有一些动情，熟识母亲的几个人甚至在得知母亲要买房子的时候都落下了眼泪。面对此情此景，我的母亲先是佯装着拍打那个人的肩膀，然后声音很小地说：“哎呀，你悄悄地，不敢声张！”

一个周末的晚上，母亲领着我和二姐去看房。那套房子是煤矿职工的家属楼，在三层，朝阳。我们小心地走进那间不算很新的房子，问了主人是否需要换鞋。80 平方米左右的房子是两室一厅的结构，地板还是比较落后的水泥地，客厅的墙上挂着一幅我忘记了内容的画。房子的阳台很大，上面养着花草，还放着一个空空的鸟笼。可能是因为水汽还是别的什么，阳台的墙面开始有白皮翘起来，也有落在地上的，但是总体看起来还是非常不错的。母亲仔细地看着这那一切，把我的手握得很紧，她嘴里嘟嘟囔囔地说着什么，房子的主人有一搭没一搭地回复着。

“辉娃，这间小卧室你住，我再给你弄个书桌，你也能把同学领回来写作业。我和你二姐住大卧室，等到你大姐放假回来，我们母女三个挤一挤！”我们站在那间小卧室的门口，母亲手扶着门框，她动了感情，所以说话的声音有点生硬并带着一丝哽咽。

交了一千块钱的押金，我们下了楼。那时正是初秋，天气温热，各种昆虫都发出响亮的叫声，还没有被污染的小镇也能看到很多星星。母亲左手拉着我，右手拉着二姐，我们到公用电话亭给姥姥报喜，当母亲说出第一个“妈……”字的时候，她就已经痛哭起来，说了许久才算交代明白她将在两个月后拥有一套属于自己的房子了，而电话的那头也随即痛哭起来。

即使是未成年，我也完全可以理解母亲与姥姥痛哭的缘由，我可以体味那中间复杂并且隐忍了数十年的委屈，再加上母亲是因为房子才开始了她苦难的婚姻生活。于是，在我看来，任何动情的表达都不算过分，合情合理。

那年中秋节，大姐领着一个男人回到我们的出租屋，带了很多礼品。那年大姐 22 岁，已经在省城打工超过六年时间，她打工所赚的钱也大都上交母亲贴补家用。饭桌上，大姐告诉我们，她要结婚了，婚礼想定在那年的元旦。

不论那套已经交了定金的房子在母亲心中占据着多么重要的位置，但从根本出发，她是一个母亲。当大姐说出要结婚的那一刻，我想，母亲就已经打定主意暂缓买房，她要把一部分钱给大姐当嫁妆。她甚至再一次莫名其妙地激动起来。

大姐回省城之后，母亲单枪匹马再一次踏进那套已经交了押金的房子中，我不知道她用了什么方式，流了多少眼泪，要回了那一千块定金中的五百块。

母亲为大姐操办的婚礼很简单，虽然父亲没有参加，但是母亲准备了所有娘家人应该准备的东西，大到一床红色被子，就是那种绣着龙凤的被子，小到两双绣着百年好合的鞋垫。母亲还偷偷交给大姐一万元的现金，哭着对大姐说她对不起大姐，没有让大姐受到好的教育，受了很多苦。

婚礼之后，母亲积攒的财产折半，那时候我们并不懂得分期付款，所以母亲买房子的计划似乎还要再等上几年才会有实现的可能。而也是从那时起，我的母亲似乎也意识到了她拉扯的孩子已经长大，两个女儿陆续到了适嫁的年龄，他的儿子肯定也要培养至大学毕业。慢慢地，她生命中出现了很多比她买房子更紧急更令她放不下的事情。2008 年前后，小镇涌入了非常多的电厂、化工厂以及工人，当地房价也以近乎不可想象的速度上涨，于是，母亲就很少再谈及买房的事情。

5 ///

在 2008 年之后的很长一段时间里，我母亲都是租住在旁人的房子里，有大有小，有好有坏，而我那时已经进入省城的一所高中读书，所以很少与她同住。在母亲后来租住的那么多房子之中，我对于其中的一间有极深的印象。

那时是冬天，我放假回家看望母亲。那套房子装修蛮好，瓷砖和吊顶都有，还有沙发电视。晚些时候，我趴在靠近火炉的地方睡觉，迷迷糊糊地睁开眼睛，我看到母亲在灶台前忙活着。炉子上面放着一口砂锅，能看到有水汽从砂锅的缝隙弥漫出来。她腰间系着围裙，穿着一双棉拖鞋，黑色的袜子，弯着腰、驼着背，我看到母亲老了，身体微微胖了起来，切菜的动作也慢了许多。她用刀面盛着类似于香菜一样的东西，走到火炉旁，把砂锅的盖子揭开，再把那菜倒进锅中。最后，她又走向我，轻轻地把我的被子掀开说："辉娃，别睡了，来，妈给你炖了土鸡。"

吃过鸡肉已是黄昏，我背起背包打算搭车到省城的学校报到。走在空空的土路上，两旁稀稀拉拉的树没有了叶子，显得很萧条。我回头望去，母亲站在我的身后，穿着深色的宽大的棉衣，她身后是一座租来的小小的房子，炊烟还在缓慢升起。我发现我的鼻子和眼睛酸涩得厉害。

你可能不会相信，那是我母亲第一次站在门口张望我。与旁人的母亲比起来，我的母亲是一个受过很多人不曾受过的苦难的母亲，她也像是一个刺猬一样时常用尖刺刺疼着她的儿女。她在我的记忆中是那个说话绵软却力道十足、一天兼工两份、独自拉扯三个孩子长大的坚强女性，这是真的。然而，就在我回头看的时候，我看到冬天寒风里的她，我确认了她的衰老，与衰老同时出现在母亲身体里的还有柔软，那是我一想起便想要保护和落泪的柔软。原来，时光以及那一套套纠缠着母亲的房子将母亲蹂躏到柔软。我柔软的母亲。

2012 年，我已经是大学二年级，那时我母亲已经把我二姐嫁了出去。母亲在电话里自豪地告诉我，除去二姐的嫁妆，她的存款还剩六位数，我知道柔软的母亲本性难改，买一套房子的火又在她心里烧了起来。

母亲托了很多人拐弯抹角地问我想要在哪里安家，我也知道，母亲想把房子买成我的婚房。从最初想要给自己的孩子买一个容身之所到如今想要给自己的小儿子买一套婚房，这之间是超过十年的时光，旁人看起来或许会认为有些滑稽，甚至会有人觉得我的母亲没有足够的能力。但作为一个已经懂事的男人，回想起那十年我是五味杂陈的，有一种自豪以及无以为报的感恩。我想我不能再自私地阻碍母亲的路，即使我深知我不会再回到小镇生活，但我多次坚定地告诉母亲，我要把家安在那个小镇，就是那个她一直想要买房的小镇。母亲说："太好了！"

那年夏天，母亲将半生的积蓄从银行取了出来，她还将自己的商业保险存款也取了出来，全部交给了我二姐的婆婆，托她找认识的人，买一套价格最实惠的房子。可能是心急，母亲与二姐的婆婆连一张字据都没有写下。

2015 年末的时候，房子还没有交到母亲的手上，她开始着急起来。那时，母亲还是居住在出租房中，两个姐姐多次要接母亲到他们家中都被母亲厉声拒绝。北方的冬天特别寒冷，母亲的出租屋内生着火炉，但是她的腿依然因为风寒而不能走路，我强拉着母亲到二姐家过年。

在年夜饭的桌子上，二姐与她的婆婆谈起母亲房子的事情，当她说到母亲目前居住在出租房，并且膝关节变形的时候，她哭得很伤心，像是这一切都是由她造成的一样。

和平圆满的年夜饭变得紧张并且严肃起来，最后竟然演变成二姐与她婆婆的骂战，再后来我的姐夫因为二姐的出言不逊而扇了她的耳光。我和二姐共同生活患难超过 18 年，当我看到她被打时，我的眼里瞬间充满眼泪。

当我和姐夫厮打过后，桌子上的餐具落得满地都是，饮料也倒在了地上。这一切让我想起父亲在十几年前烧房子的情景，一样的狼藉。刚会走路的小外甥女站在地上发出凄厉的哭喊，小小的身子一闪一闪的，像极了当时我面对那堆大火时的反应。我在那一刻才真正悲痛起来，我很委屈，我想母亲比我更加委屈，我们一齐努力了十几年，但是时光好像倒退回去了一样，只是主角变成了母亲的女儿，为什么我们像被诅咒了一样摆脱不掉苦难呢？我们感到委屈，这一切都是为什么？

给二姐的婆婆鞠过躬，道过歉，我又得到了姐夫的原谅。我陪着哭泣的二姐把那残局收拾干净。等我收拾完毕，母亲也已经把我们的行李准备好了。我们没有让任何人挽留，也非常残忍地没有去理会哭泣的二姐，只是给我的外甥女留下了压岁钱，打开铁门，离开了。

街上什么人都没有，天还没有完全黑下来，但是路灯全部亮起来了。路上的雪也没有化，我与母亲踩上去，发出巨大的响声，似乎那个傍晚寂静到只能听到我们的脚步声。路过人家，玻璃上已经布满水汽了，我们看不到人家里的情景，无数个窗户都是这样，虽然看不到屋内的红火，但是从红色的窗户透出来的光亮还是能品到几分温暖和喜庆。我看向母亲，她已经和我一样平静。

大舅开车把我和母亲送回了出租屋，灶台那里放着几根做饺子馅剩下的白萝卜，已经冻得硬邦邦的了，地上的暖瓶也冻裂了。母亲用煤油和柴火将炉子点燃，屋子渐渐有了温度，炉子上烧着的水也冒出了充足的白气。母亲让我打开电视，说春晚快要结束了。我心情放松并且舒适地问母亲："妈，你怎么不哭？"

母亲笑着说了一句什么，我没有听清，她朝我的怀里丢过来了一瓶已经焐热的黄桃罐头。刹那间，门外面的鞭炮噼里啪啦地响起来，烟花嗖嗖地冲上天空，然后发出爆裂声，出现了美丽的火花。

6 ///

2016年，距离姥爷将母亲嫁到山里、用母亲的彩礼建房已经有三十余年，父亲烧房的事情也过去了将近二十年。而我也已经大学毕业开始工作，还出版了自己的书，生活都向着好的方向发展。

春节后，我回到广州开始工作。母亲打电话说要告诉我一个消息，二姐的婆婆已经拿到了房子，小高层，我们135平方米的那套房子在五楼，她让我迅速回家办理手续，免得夜长梦多。

母亲在电话里的语气比我想象的要平和，反倒是我不太淡定，连夜请了假，赶动车、飞机、火车和汽车，一路狂奔回到母亲租住的房子。

农历三月末的一天，西北的风在那天尤其大。四车道上连一辆行驶的车子都找不到，大风将刚生出芽子的柳条吹得很高，飘荡着。我走在母亲的左侧，在路沿的下面，母亲在路沿的上面，我们两人刚好能并肩。母亲戴着浅色的口罩和帽子，许多银白色的头发从帽檐儿散落了出来，也有口罩没能遮挡住的鬓角，从根部出发，白了一大片，还有在飞舞的头发之间隐约能看到的眼袋和皱纹，不能再重一点儿也不能再多一条。

母亲确实像旁人说的那样，她老了。

“你确定那些手续和证明都带着了吗？”母亲从早上出发就不厌其烦地问我这句话，我没有回答她，只是应付着笑了一下。

“一会儿登记的时候，我跟着你，我怕你把名字写错了！”母亲小心翼翼，声音突然小得就要淹没在大风里了。

“你的房子写我的名字干吗，只写你的名字啊！你老人家老糊涂了吗？”我抬起手，非常轻松地搭在母亲的肩膀上。

而我的母亲，突然停下脚步，终于放下所有的伪装，泣不成声。

那是我和母亲第一次谈及房子归属的问题，我从心底里觉得那套凝聚了母亲一辈子心血的房子只能属于母亲一个人，房产所有人的名字也只能是她的名字，并不需要讨论。但自从被通知办理手续开始，她就进入到一个矛盾、纠结甚至失眠的境地，几次试探性地问我“房子写你的名字吗”，但还没等我开口她就转移话题。我母亲认为，她的房子是为我买的，并且她时常说自从与我父亲分开生活之后，我就成了一家之主，房子理应写我的名字，所以，她才能在电话里那般平和。但她终究是要回忆起那些与无数房子的情泪瓜葛以及自己的苦难，于是，她进入到崩溃的沼泽，寸步难行。而等我斩钉截铁地告诉她“你的房子只写你的名字”

时，她终于释放了一切深埋着的情感，瘫软了下去。

她手扶着距她最近的一棵柳树，将口罩摘了下来，捏在手里。大风灌进她微张的嘴，她的喉咙噎住了，我能听到母亲柔弱委屈的哭声在风里断断续续。

终于，母亲拥有了属于自己的房子。

7 ///

前天，母亲打电话给我，她最后选了乳白色的实木门，厕所的墙面决定用马赛克样式的瓷砖，厨房的灶台会做成大理石的，可以切菜而且容易清理。她也不打算请人给墙壁刮泥子了，母亲说贴壁纸更实惠些。家电和沙发也有了着落，她的两个女婿已经承包。老太太说个不停，我能感受到那份快乐。

“辉娃，我再跟你商量个事儿！”母亲放慢了语调，试探着问道。

“等到这套房子装修好了，就把它抵押给银行。我用贷款再给你买一套婚房，买到省城去。贷款我慢慢还，你安心工作就行了！”

母亲不是在商量，而是已经决定了。

你同情过你的父母吗

我在《傅雷家书》中读到这样一句话：你若同情天下人，为何不从自己的父母开始？

1 ///

我有一个非常亲近的表哥，研究生毕业之后，他先在杭州工作了两年，之后去了成都，在一个汽车公司就职，混得有头有脸。

去年夏天，单身33年的表哥突然给家人报告了一个好消息，他已经和一个成都女孩谈婚论嫁，需要父母在最后的关头见见面。于是我的大姨和姨夫带着一张银行卡还有家族中有威望的老人一起飞到成都，想要完成多年来最急切的愿望，全程在微信朋友圈直播，整个家族的人都跟着高兴起来。

喜事的最后以大姨给我母亲的电话为终结，她在电话里哭得凄厉——准表嫂并没有让表哥的家人登门，原因是他们交往没超过半年，还需要继续了解。大姨和其他老人提着礼品站在楼下，他们在成都毒辣难挨的阳光下目睹表哥和他女友从争执开始到动手，直至决裂。

大姨给我母亲哭诉的重点是自责，她埋怨自己和姨夫，他们认为不应该给已经33岁的儿子压力，她哭诉年轻人应该有自己的选择和新的生活，而他们自己只是这个社会已经老化古板的一代，用大姨的话讲：等到日后我若不能自主活动，那我就自己搬进疗养院或者跳进焚尸炉。

母亲差点落了泪，表示赞同。

去年春节，表哥因为大姨的喝令开车从成都回到陕西过年，后备厢里装满了礼物。那辆白色的小轿车是大姨夫买给表哥的，大姨夫说自己那长期跑路的经理级别的儿子需要一辆汽车来代步、撑门面。

大年初二，我到大姨家拜年。他们家的大院子已经被拆除，大姨和姨夫住在一间简易的五彩钢房里，房间的中央架着一口火红的炉子，炉子周围被煤炭污染得漆黑一片。他们的隔壁是一间小商店，生意不温不火，供应着大姨和姨夫的日常。论财产，大姨完全有能力在当地买五套精装修的房子，但因为表哥，他们好像在等待着些什么。

饭后，姨夫提起炉边儿的装煤桶向外走去，我和表哥跟着。姨夫走到煤堆边儿，挑了一块很大的煤，摆正，而后抡起大锤，重重地砸下去，溅起了无数煤渣。煤块还是之前的样子，姨夫再一次抡起大锤，再一次锤下去，反复好几次。终于，我听到一声闷响，煤块四分五裂。也就是在那时，表哥转脸对我说："你看，我爸还是那么厉害！"

快六十岁的姨夫应该是听到了表哥的赞扬，他停止了动作，回过头来看向我们。那是我第一次那么仔细地看我的姨夫，一直瘦瘦的却又英俊的脸此时有些浮肿，眼袋重重地垂着，头顶的头发也出现了很多白色，在昏黄的守夜灯下，显得更白，脸上的纹路也更深。

姨夫就那样回过头来注视了表哥几秒，眼睛里满是失望，对表哥说道："你刚才说啥？"

"我说你还是那么能干，夸你呢！"表哥重复着，脸上带笑。

姨夫随即丢下锤子，狠狠地踢了一脚煤桶，随即我听到了一声令人胆颤的声响。他又气汹汹地走进屋子，把门摔得就要掉落。

从那时开始到表哥出发，姨夫都没有和表哥说过一句话。

2 ///

前些日子，我在做康复按摩的时候遇到了一位60岁左右的老人，她平趴在我隔壁的单人床上。按摩师在我肩膀的位置铺上了一块白色的大毛巾，于是开始用力地揉压。隔壁的老人静静地看着我，眼睛里露出比较怜惜的神情，因为我已经疼痛到龇牙咧嘴的地步。

“小伙子，把这瓶酸奶喝了吧，你都出汗了！”等到按摩师走出那间明亮的房子，老人递给我一瓶被去掉了涂装的酸奶。

我本来就很喜欢和上了年纪的人聊天，况且偌大的理疗室安静到有一丝尴尬，于是当一个衣着朴素但精神很好的老人主动和我搭讪的时候，我是感到庆幸并且开心的。

我与许多年长的人聊过天，不论聊天的内容是什么，我总会把注意力集中在那些纵横交错的皱纹里以及稀稀拉拉的干燥头发上，然后看到、联想到已经发生在他们身上的故事。那些与我无关的故事不论悲喜都会让我很感慨，甚至有些难过，这并不是人们常说的多愁善感与矫情，而是一个涉世尚浅的年轻人在面对岁月、人生、感悟等力量巨大的词语时所表现出来的正常反应。但当我和与我一起按摩的老人聊过之后，我竟然情绪激动地有些想流眼泪。

老人已经换上了一件玫红的冲锋衣，她说那是旁人的旧衣服，说那话时露出几颗镶着金属的牙齿，粗糙黝黑的额头上有着不多的几根亚麻色头发。就是眼前的这位老人，我无论如何也不能将她与一个有着澳大利亚国籍的女孩联系到一起。

老人有些兴奋地给我掏出手机看了几张她女儿的照片，是她女儿与外国男朋友的合影，背景是墨尔本著名的网球公园，天很蓝。我没能看到她女儿的眼睛，它们被一个复古的墨镜遮着，女孩比画着 V 字的手遮住了外国男朋友的下巴，很幸福的样子。

我突然在那一刻有了一丝怜悯，因为我面前的这位老人在 40 岁的时候丈夫因病去世，她独自抚养着自己的女儿，从国内的外国语大学一直到墨尔本，而从她的衣着打扮我就能看出，她并不是一个多么富有的老人，而且腰椎和膝盖严重变形，不舍得做润滑剂注入，只是每隔几个星期做一次按摩，还要讨价许久。

老人告诉我她的女儿是优秀的，在澳洲移民政策变得严格的情况下顺利拿到了绿卡，老人的女儿也是孝顺的，因为老人手上的翡翠镯子就是女儿不久前邮寄回国内的。老人还告诉我，家里摆满了女儿从澳洲邮寄回来的东西。说起这些的时候，我能看到老人眼角的皱纹都在微笑。但是她们已经超过 5 年没有见面，老人的女儿甚至都不知道自己的母亲已经动过手术。老人独自生活超过 15 年，当年一直挂在嘴上的“等到你上了大学我再寻一个伴儿”也已经不再说起，隔壁邻居的孙子都已经在读六年级，去年又生了一个孙女。而她的女儿自从出国之后就再也没有提起让母亲再寻找一个老伴儿的话儿，她也已经 35 岁，还没有成家立业，并且嘴里经常说着外国人结婚都晚或者人为什么必须结婚之类的话。因为这些事情，老人与女儿冷战过一个多月，我们见面的那一天她们刚刚和好，她和女儿用视频聊了有半个小时。女儿在视频里告诉老人，她不会和那个外国人结婚，她正在努力地找寻一个优秀的华人，她让自己的母亲不要再因为这些她不可能让步的事情而令她烦恼。

这些都不是重点，重点是视频的最后，女儿告诉老人，她已经在澳洲看好了一套公寓，价格不贵，100 万人民币左右。女儿毫无愧疚之色地说道：“妈，我还需要你帮我最后一把！”

终于，老人的眼角流出了眼泪。我没有递纸巾给她，她也没有用手去擦。我看见老人的眼泪从眼眶流出，漫过皱纹，布满脸颊，我一时间不知道该说什么……

老人没有告诉我她还有多少存款，但她确定，不论发生什么，自己的所有财产都会属于女儿，只是时间迟早的问题。关于澳洲买房的事情，她也已经为女儿攒够了首付，过些日子便把钱汇给女儿。

“我愿意为她做任何事，我也知道我不应该过多地牵绊她，我更知道我女儿爱我，可她为什么不同情我，你懂吗？孝顺和爱不等于同情，而我更需要被同情！”说到这里，老人的情绪更加激动了。

我不能再冠冕堂皇地告诉老人，年轻人有年轻人的生活方式，年轻人有权利选择自己的未来。我不忍心！我从那一刻开始怀疑，我们年轻人是否错了？爱和孝顺是否等于同情？而我们又是否真正同情过父母尴尬委屈的处境？我们是否真的同情过，他们不能像我们痛快地剥离他们那般痛快地与我们剥离开来，还有他们的哀求？我们是否同情过，父母对于我们的宽容和理解已经完全超出了他们所能承受的程度？

3 ///

我终于能够理解，为什么当表哥夸赞姨夫“你还是那么能干”时，姨夫会那般难过、那般情绪激动。

因为在那简单的七个字中，或许有很多种饱满的感情，但无论如何都品不出同情。

三十，风花雪月

1 ///

即便是潦草的字体，但我能确定，就是这几个字——

十几平方米的小客厅的墙上写满了大的、小的、横着的、竖着的、斜着的“三十，风花雪月”。有的字留着很长的墨迹，甚至有墨滴到地板上了，虽说我脚底的地板也是接近黑色，但是已经风干的遗墨还是能够看得清楚。

负责接待实习生的吕师傅把我送到这个已经上了年纪的家属区之后，就自己开着车离开了。我到现在都很恍惚我是怎么一步一步从那么狭窄并且透着一股阴风的楼道到达“301”的。防盗门和乳白色的木门一早就是大开着的，我只往前走了一步，就看到了满墙的“三十，风花雪月”。我面前的破鞋柜子没有挡着我，它上面已经燃尽的蚊香也不会沾染到我的身上，这些我都清楚，然而我毕竟是一个刚到陌生城市实习并且即将要寄住在老员工宿舍的学生啊，怎么能不担心？况且，这宿舍已经超出了我所能接受的恐怖范围。

我就那么不知所措而且略带恐惧地站着，透过狭小并且古怪的客厅我能够看到阳台，说是阳台是因为它那里挂着滴答着水的老式花纹的衬衣和纯色的内裤。阳台上没有什么阳光，槐树影子倒是丰富极了，映在挂着的所有东西上，客厅的地板上也有。

好了，一分钟过去了。该胡思乱想的已经胡思乱想过了，不会有鬼的。该端详的也已经端详完了，要是我在这里大声呼喊救命的话，前一栋楼房的那个女人一定听得到，她已经透过稀拉的槐树枝叶向我这里望了好几次，再不行，我包里的刀子也是能够让人出血的。得，男子汉大丈夫，慢慢走起。

“小王吧？咋才来呢？”东北口音。

我的个天啊，吓死我了。我刚才上楼的声音那么大，你耳朵聋了？怎么，看什么看，光穿个裤头要耍流氓吗？你真的吓死我了。要是我手快，你小子早就被我行李里的刀子划伤了。

“哟，大哥吧？您怎么不出声儿啊。大哥你好！”我尽量学着社会人士第一次见面时的活络。

他是一个身高足有 180 厘米的短发男人，穿着一条蓝色的内裤，上身是光着的，很瘦，能够看见明显的锁骨还有肋骨。他站在大卧室的门口，手里拿着一个 1 升容量的可乐瓶，瓶子里的冰就要化完了，在它周围散发着一团看得见的凉气。

2 ///

第一天，我从职工食堂吃饭回来，看到他在吃饭，西红柿炒油菜，一碗米饭上还盖着一块圆形的煎鸡蛋，他让我也去吃，我说我吃过了。

“怎么不去食堂吃啊，反正餐补也吃不完。”我有点故意找话。我那时正在洗手池的水龙头上接水，准备将水冻成冰块，晚上抱着睡。

“你没听说？大哥我已经病休三年了，那些狗屁领导还没有批准我上岗呢。哪来的餐补？我还不如你们这些实习生呢！”说完这句话，他就又背对着我继续吃饭了。他用勺子拣了一根油菜，盯了有三四秒钟的样子，最终将它喂进了嘴里，咀嚼的时候能够看到他脑袋上的血管都在汹涌。我还从他的后脑勺看到了一条足有十几厘米长的伤疤，很宽，伤疤上没有头发。

夏天的夜来得总是那么晚，七点钟我从冰箱里取出来的冰块已经在还有亮光的八点化得所剩不多。老师和我约读的《白痴》我也是无力读下去了，无论西伯利亚的冷风多么让梅什金公爵难挨，我从他青紫的嘴上看到的总是冰凉的舒服。于是，我把还亮着屏幕的 kindle 放在了右手边，床头柜刚好能让它不掉下去，书里的梅什金公爵正在和罗戈任沟通着。屏幕的光很微弱，但它还是吸引了喜光的几只虫子，我不想赶它们走了，我似乎只要动一下都能产生让我燃烧的热量。

Kindle 的光灭了，只能听到虫子的声音了。

我穿上透气的大裤衩，背心拿起来后又被我丢下，我声音很小地拔出了那种非常古老的铁门闩子，不过最后一下还是发出了很大的声响。其实我并不是一个矫情到睡觉都要锁门的人，况且是在那样的天气里。我只是不能在那样的环境里放松警惕，毕竟我是和一个生过什么病、脑袋上有夸张伤疤而且吃西红柿炒油菜的陌生男人住在一起的。

洗手间和厨房的灯都灭着，冰箱还在喘着粗气。隔壁大哥的门没有插，或许他看我还算正常。我看到他就那么四肢分居似的躺在床上，眼睛望着灯泡。灯泡上除了发出的光亮之外，没有任何东西，屋顶也是。

“冰箱里有可乐，你去喝，本来就是给你买的。”

“这鱼缸的水怎么是红的？”我站在门口看着他左手边儿的简易鱼缸，里面没有鱼，但应该是养过鱼的，送氧机还没有拿掉。哦，对了，鱼缸的旁边儿还立着一个足有一平方米的相框，搁照片的一面对着暖气片，我看不到。

“银龙昨天才死，泡了高锰酸钾消毒呢。你看那高锰酸钾真牛，好像都把送氧气的管子腐蚀了……来来来，小王，你别站着了，坐坐坐。”说到“小王”的时候，他就缓缓起身，趿了鞋子到厨房去了。我在这里要说明的是，当你读到他说话的时候，你尽可能地把语速放慢，他说话的速度慢到让我能把自己憋死。

我坐在了距离他的矮床不远的电脑椅上，是笔记本电脑，合上的。书架上的书明显是盗版书的模样，还有几片饼干散落在那儿。

“啊，真爽……大哥，腿怎么了？”我接过他递给我的可乐，迫不及待地喝了，也没顾上验一验是不是有毒。他正在用拳头敲打着他的膝盖和大腿。

“后遗症，你没听说？”

你以为你出名到谁都要了解你了吗？我没说话，耸了耸肩。

“脑袋进血了，抽不干净的。不死就是好的了……哎，小王，这拖鞋你穿着还合适……不死就是好的了，左腿不太灵便，脑袋进血了。”

好了，我输了。我不是一个擅长设置悬念的人，我不可能把他的病一点一滴地渗透在整篇文章里，我是一个才见第一面就会问他“你怎么一直在敲腿，有残疾吗”的人，所以对于大哥的病，我想我还是直截了当些。他在 27 岁那年突然畸形脑血管破裂，有 70CC 的血液进入大脑，几乎成了植物人，从宁夏到杭州再到三亚，整整三年，如今恢复到了只是腿脚不太灵便、反应速度慢了一些。真是像他说的，不死就算是好的了。

3 ///

给我讲安全规章的老师是一个五十来岁的女人。她在见我第一面的时候就确定我是和大哥住在一起的那个学生，她对大哥表示同情，又把他生病的全部经过给我讲了一遍。

我每天早晨都会比别人早去一些，帮老师把地扫了，然后再接一盆凉水，一半拖地，一半让她洗手。这些都是大哥教给我的，勤快总不会出错。

她那天心情不好，我见到她的时候就知道了。我坐在距离她有四五米的掉皮沙发上等着她给我画章节重点。

“好，你爱怎么样就怎么样。老娘不管了，你和你那嫖客爹一个德行！”她说这最后一句话的时候，我刚喝进去的水差点全喷在她对面的打印机上。我也是个有眼色的人，打算回避一下。

“看看，看看，看看，小王，你干吗去？过来看看这中东怎么又在打架！”我可以肯定她此时的语气是平和温柔的。我从来都相信，这个世界上有许多人能够完全自主地支配自己的脾气，他们像是拿着一个遥控器，某台正在说着老百姓的安居乐业，某台却正播放着一对姐妹饿死在家里，风干了——转换间，只需要一秒钟。

当我走到电脑前，准备就中东局势发表我的高谈阔论的时候，屏幕里早就不是什么裹着卡布的中东妇女了，那是一个手里捏着桃花枝子。另一只手比着“V”形的仙女。当然仙女这个词不是我叫的，是安全老师。不过我说句公道话，那女的，长得确实挺好看。

那手捏桃花的女孩是她的姑娘，29 岁，未婚。

“什么？单身？”说完我就后悔了，我真想撕破我这张比蜂窝煤还破的烂嘴。

她又喝了一口枸杞茶：“呵，你也不信？一直单身，我和她就要为这事儿断绝关系了。”她点击了“放大”，把光标移动到她女儿眼睛的位置，我已经往沙发那里退了。

“你多大？你肯定没有30……那你家里有没有30岁左右的男人，上过大学的？”她突然问我。

于是，我把我表哥的所有联系方式都给了她。

下午回到宿舍，没人。对于那个写满了“三十，风花雪月”而且只有一个破鞋柜的客厅，我已经习惯了，以前上学我还经常路过坟地呢。所以我坦然地在客厅里转了转，希望能找到一些我今天可以描写的东西，然而，并没有。

我是一个好奇心极重的人。书架我昨天已经看过了，“成功”“鸡汤”等，都不能勾起我的兴趣，那个耷拉了一半儿的浅色窗帘倒是还不错，有几片花瓣抑或者叶子之类的东西，被轻轻地描画在那上面。够了，王东旭，别再啰唆了，你进去不就是为了昨晚的相框吗？它就在暖气片那里，别磨叽了。

我绕过铺着朴素床单的矮床，暖气片和床之间有半米的距离，丢着发黄的卫生纸团。我邪恶地笑了，这不是只有我这种年龄的性饥渴的小伙子才会干的事儿吗？他这个 30 来岁的男人怎么也玩这个？哦，对了，相框。照片是婚纱照。大哥穿着白色的西装，两个漂亮的脸蛋微微下凹，但微笑饱满极了，眉毛也是弯得刚刚好，他的一只手牵着一个女人，那女人侧面向着我，手里抓着一束花，不是玫瑰，我不认识。

我有些恍惚，倒不是因为发现了大哥结过婚，他结过婚我早就听老师说了，恍惚是因为当某些事情被客观的事物证实了以后，我会不知所措。尤其是相框里潇洒的他，如今生活在一个破楼里，生活刚刚能自理，吃着西红柿炒油菜。我突然想到我面前的这幅照片当初应该是挂在大床的上头，而灯泡周围也是有红纱或者拉花之类的喜庆东西点缀着。再说这敦实的矮床，新婚夜也绝不会有剧烈的摇晃。那该死的客厅一定是红火的，肯定还有电视、沙发、花花草草等点缀着。然而此时，我走出来看到的是一个破鞋柜，还有“三十，风花雪月”。

4 ///

那天大哥回来得很晚。我书本里的纳斯塔西亚正在把一袋子钱扔进火炉，我已经开始热血沸腾了。

他对躺在小床上的我打招呼，自从第一晚过后，我就再也没有给木门上铁闩。大哥那天穿着小格子衬衫，有些土，但也绝对土不过他长腿上的布料裤子，就是那种赶集时候扯回家的布料，再去裁缝那里裁剪的款式。当然这些不是重点，他脸上有男人独有的淫笑。至于说淫笑这个词，我以我们同是男人的优势告诉你，就是它。

“猜猜我干吗去了？相亲去了！哈哈哈哈。”他顺势坐在了我的床上，还在笑，我收了收腿。

“快快快，那女的怎么样？”我的眼睛已经在寻找那晚我要用的抽纸了。

我当然还记得暖气片边儿上的大幅婚纱照。可是我难道要问他一些关于他前妻的问题吗？我除了要被骂成偷窥狂之外，还会被我自己鄙视成傻子。算了，我还是不问了。

“哎，不行。直上直下，像个桶！”他的两颗虎牙全都露出来了，开心得像是在评论一个路过的女人。

“在电视台工作，一开始我还以为是个主播呢，小王，你别笑，你别笑了。人女孩挺不错的，不嫌弃我的病，也不嫌弃我没钱，就说我能有个安稳的国家工作就好了。李婶子绝对没有把我还在休假的事儿告诉她。”

我早就忍住了笑，又有点担心他：“漂不漂亮的，都不重要，能过日子就行，灯一拉，都一样，会叫唤就行。”

我们已经熟到讲段子的地步了。

第二天是周六，我不用去学习安全规章。大哥在挑衣服，他还是穿了衬衣和布料裤子，他所有我见过的夏天衣裳都是那一种风格。他问我哪一身好看，我指了指亮色的衬衣和黑色的裤子。

“又去约会？”我玩着手机，朋友圈的一个朋友又在放他和一个老鼠的自拍了，我顺手屏蔽了他。

“哎呀，那女的打电话来了。她直上直下，说话也没分寸。来来，你把这个领子给我弄一下。我关键是害怕她影响我的下一代啊！”他指了指自己有着大伤疤的脑袋，然后穿上皮鞋，很是愉快地走了。看着他颠簸的背影，我能感受到，他当时应该是快乐的，挺畸形的快乐。好了，光叙事，不做评论。餐桌上的奶粉燕麦，他冲好了却没喝，并不是忙得顾不上，而是忘了。自从他第三次忘记把钥匙从锁孔里拔出来以后，我就不再提醒他去做任何他会忘记的事情了，我是一个心软的人。

那晚，我等他到很晚，因为他没拿钥匙，我又是那种被敲门声叫醒后就不容易睡着的人。纳斯塔西亚连续逃着婚，伤害了公爵和罗戈任，什么肉体的奴隶，精神的天使，她就是一个十足的婊子。我改不了容易冲动的性子了。

“小王还没睡呀？你看的什么书？”他身上有些酒气，但脸色比往常红润，我知道他不能喝酒的。

“快快快，怎么样？”我已经忘了《白痴》里的婊子，还有他让我守门到那么晚的气也早在他叫我小王的那一刻消散了。

“我就知道你想听。你这抱着冰块可是不行呀，放到桌子上去。来来，给我腾点地儿，那女的有孩子啊，她身材直上直下也是因为生孩子生的。还是私生子，她被男的甩了。自己养了几年，养活不了了才想起来要找个男人。要是李婶子早对我说她有孩子我是不会去相亲的。”大哥把两只手撑在床上，手指动着，两只脚也踢着空气，像个不安分的孩子。

“羊头安不到猪身上，别蹚那给别人养孩子的浑水了。”

“话也不能那么说，我看那女人也蛮可怜，我比她好不到哪儿去。可能你也听说了，我结过婚，这就是婚房。你睡的这间是给孩子预备的。看，你身上的蚊子，打死它。幸亏没要孩子，不然就坏了啊！”我第一次听到他的失落。

“我不怪她，我都成这样了，什么也不能给她。她从高中就和我搞对象，你别那么看我，真的，到今年都十多年了。我从东北那儿考大学到武汉，再从武汉到宁夏工作，她都跟着，我知足得很。她也不好过，结过婚的30岁的女人哪那么好找男人，她也不回老家，怕人说闲话。怎么，你想问我惦记她吗？你看，我就知道你想问这个。惦记，怎么能不惦记呢，我和她在一起的日子比和我妈在一起的日子还长。”

“那你怎么办？”我有意打断他。怎么说呢，故事的大致我已经零零落落拼凑得差不多了，所以不想再一次让他回到那种不是每个人都能体会的回忆中去了。当然，我也不知道我的那句“那你怎么办”是出于对什么的提问，是如何处理对前妻的惦念？对以后生活的打算？还是要怎么处理那个比他好不到哪儿去的相亲女人？我不知道。

“她有孩子也没事，只要能过好日子就行了。你说是不是？”他站了起来，头发被不刺眼的灯光照得几乎看不到了，刀疤倒是更明显了。

他比我知道“该怎么办”。一个被与自己相爱十余年的老婆抛弃在一栋老楼里的病人，他知道他最需要什么。

他帮我关了灯。

5 ///

安全老师的眉脚贴了一块白色的创可贴，眼睛也肿着。我泛滥着的善良想去关心她，可我不知道要做什么。我把风扇打开，又去把地板拖了一遍后，就去隔壁的小教室看“进厂只能穿纯棉”了。

我们几个实习生上安全课的那栋楼有点像福建土楼的造型，两层，数十间房子就只有我们和老师几个人，很空旷，回声也很大。她在电话里给某个人诉说着她为了给自己的女儿争遗产而被她前夫的老婆打得头破血流，她女儿的爷爷刚死不久，她哭着。我不知道她是为了女儿的财产被夺而哭还是因为某个人死了而哭，抑或者因为被打得头破血流而委屈地哭。我是可以作证的，并没有那么夸张，就是一张创可贴可以止住的伤口。

“小王，把书放下，你来，你来，你哥咋说我家女儿的，你给我说说。”她对我微笑着，眼里的泪水都没有擦干净。其实在某一刻，我很难过。

“那啥，我还没和我哥通气呢，应该聊得还不错。老师您别给我倒水，别了，哎呀，我那边有水。”我把她倒给我的水放在了我面前的茶几上。

走在回宿舍的路上，太阳毒辣得让我不得不戴上墨镜。柏油路上的煤灰和煤渣太多了，像是堆积了很多年，如果这时候有一辆飞驰的车子经过，我想我的陈年哮喘肯定是要犯了。深洼里的积水是黑的，阳光刚好被一棵槐树挡住，蒸发得很慢。

“哥，你忙不忙？……你干吗骂我啊？咋了啊？”我打电话有个习惯，要站在某个地方，不能走动，不然会语无伦次。我当时就站在黑水洼旁边的马路沿儿上。

“你好好实习，还给我当起媒婆了？你别给我嬉皮笑脸的，我和你开玩笑呢吗？那女孩有对象，新疆的军官，从大学就开始了。我差点把脸丢尽，一天把你闲的啊！好了，不说了。”

表哥挂了电话。我像是被吊起来抽打了一样，不舒服。我也似乎可以猜想到表哥那边的情景，他把手机丢在柔软的地方，看了一眼又拿起来，于是在朋友圈发了一条状态：原来大家都一样。

配图是一个男人撑着一把大黑伞，雨滴在大黑伞上跳跃，那男人已经被雨水打湿了，他的伞给他右手边的空气撑着。

我点了个赞，给我那个远在浙江打拼的 31 岁的表哥。真没想到，他和安全老师的女儿等待新疆的军官一样，还惦念着那个去年就到哥伦比亚上学的女博士。这要是被我大姨知道，那又是一场不小的战争了。

“301”的锁孔里又是一串单调的钥匙，我把它们轻轻地放在了鞋柜上。

大哥在和他姐姐打电话。他有四个姐姐一个哥，父亲在他血管爆裂以后就死了，母亲和哥哥一起过。

“有，我还有，你老给我打钱，我姐夫要生气的……好好好，那你打卡里吧……哪个女孩……她啊？我说了我还没上班，人就不和我处了，我能理解，她不是还有一个孩子吗？能理解。咱妈犯病了吗？上次给她打电话，她一直哭，我就没敢再给打。”

对于那个直上直下的女人的离开，我没有感到惊讶，他没告诉我，我也可以理解。路过他卧室的时候，他一手拿着电话，一手给我比画着什么，我也没看懂，进了自己的屋子。

“我今天又去厂里要求复职，还夹了两条芙蓉王，居然还是不让我上班。厂子里那么多吃闲饭的，我怎么就不如那些吃闲饭的了……你要做鸡翅？冰箱里有啤酒，能去腥。”他站在我身后，怒火一下子平息了。

我已经把鸡翅处理好了，入味儿的刀口里也塞上了葱姜，我又照着大哥说的加了冰啤酒，已经能闻到味儿了。

自从看他连续吃了几天的西红柿炒油菜以后，我就把餐补折兑成了现金，和他一起搭伙儿做饭了。说是搭伙，但每次买菜的钱都被我抢着付了，没多少。从“301”到卖菜的市场是有一段距离，而且过去的老房子规划得总是零零散散，他引着我走了几次，我还是不怎么认识。

那天是他第三次引我走那条路，我们都穿着拖鞋。在路上我们聊了他的银龙，他说照着他的经济能力养银龙那简直是要被人唾骂的，可一个人住在301也确实是有些孤单。我说养条狗就挺好。他立马说他这辈子都不会再养狗了，以前养的一条狗在他住院的时候死了，不知道是饿死的还是病死的，反正就是死了。

我看着远处的贺兰山，植被不多，却被傍晚的红色染得特别好看。我头顶侧面的路灯也早就被风或者石头打破了，别的都开始亮了，就它还继续暗着。快要倒闭的厂子附近也都萧条着。那么大的市场里没几个营业的摊子，空着的水泥台子上都是些就要被风化的竹筐子和鸡蛋盘子。大哥就站在某个水泥台子前不动弹了，脸都红了，还带着唉声叹气。

我看到那个最红火的摊位前站着三个人——一对男女，还有一个八九岁的男孩。虽然离得比较远，而照片上的她也是经过浓妆艳抹了的，可当她侧面面对我时，我依然认出了她。她就是那个被丢在相框里、面对着暖气片的女人，大哥的前妻。

男孩站在男人的身后，拽着男人的手，摇晃着，像是让男人给他买几条金鱼。隔壁的金鱼或者乌龟摊，在我们这个方向。女人放下手里挑了许久的土豆，向卖金鱼的老人看去，看到了我们，那么大的市场一共就那么几个人，她确实看到了我们，更确切地说，她看到了大哥。我刚才都说了，大哥穿着拖鞋，背心和大裤衩子也不是很搭。

太尴尬了，我像是见到了我前女友和别的男人接吻一样。我有点蒙，大哥都向他们那儿走了。我缓过神来以后就跟在大哥后头，准备着帮大哥打架。

他们没有打架，也没有打招呼，女人连看都没看大哥一眼，只是和那个男孩挑鱼。如果是我的话，我最起码会和我前女友打个招呼，不过也不一定，我也怕她男朋友起疑心，不过谁知道呢。

水泥台子上的蔬菜一点也不新鲜，镶着金牙的老板娘说是早晨才新进的，我不信。大哥把一块削了皮的冬瓜拿起又放下，反复好多次。老板娘的金牙已经被她天包地的嘴唇盖住了，她有些不高兴。我从大哥手里夺下那块冬瓜，扔上了秤，又挑了几块极丑的土豆。冰箱里还有一些排骨，西兰花也还没炒，大哥跟我说着。

“阿姨对你好不好？”那个有些发福的男人问男孩。

“要是买个乌龟就更好了！”男孩躲在男人的身后，一对男女笑了。而我们已经离开了那个埋着地雷的地方。

“我躺在病床上的头几个月，她来看过我四次，后来，她就不来了，她妈倒是偶尔来。我不恨她，她跟了我十几年，从东北到……”

“来，把那个袋子给我，你小心那个栏杆。”我不想再听那些了，不是厌烦，我只是需要空气和时间去消化。

6 ///

罗戈任终究是把纳斯塔西亚杀了。梅什金找到罗戈任，看到那具美丽得让人哭泣的尸体的时候，他没有和罗戈任厮打，也没有哭，更没有报警，他只是问了一句：“天热了，不会有味道散出去吧？”

“我用了最好的美国漆布，还放了四瓶日丹诺夫药水，不会有味道散出去的。”

最热的日子已经过去，我感到彻骨的冰凉。

最后一天去安全老师那里了。这些天我已经在有意躲着她，没给她开风扇，也没有给她拖地打水。

老师眉脚的创可贴已经被撕掉了，原本平铺的小鬈发胡乱地缩着，看起来和我一样心事重重，但她比我憔悴。

“小王，这是你的合格证。来来来，你过来，没事儿……你过来。”

电脑屏幕里的不是中东局势，也不是手捏着桃树枝子的小仙女，那是一幅被火车窗囚着的图画，边疆的连绵山丘，绿的、花的、孤独的高压电线架子也立在那幅照片里面，可能是拍虚了，有些模糊。

上面还配着文字：走了，后会有期。

下面的评论墙上全是花花绿绿的语句和表情。

“她根本不知道以后有多么苦……帮我给你表哥道个歉。”老师的手里是闪着微光的鼠标，脸上满是泪水，皱纹也已经很深很深了。

回到教室，一起来的实习生问我：“那老女人是不是也给你看她女儿逃到新疆找汉子的照片了？是不是也对你哭了？她就一个神经病，活该以后一个人孤独终老！”

“没有。”我有些厌恶这些人，就是他们每天在朋友圈发着自己和老鼠的自拍。我把书放到了我刚来到这里时的位置，离开了。

那个土楼式的楼房外墙上长满了爬山虎，有的绿绿葱葱，有的老死了，只剩下枝干。远处的草坪上正在喷水，有小到能够被我用双臂拥抱的彩虹。突然一切都暗淡了，我把装酷的墨镜又戴上了。

大哥在厨房里淘米，每次都是他蒸米饭，他对于加水的多少总是那么敏感。我突然又想起来前几天还和大哥约会的那个女人，她这时也应该在给放学的孩子蒸米饭呢，晚上再梳妆一番，去和另外一个男人相亲，把那个吃饱了饭的孩子寄居到邻居家，或者锁在房间里。

我没敢和大哥说我这些乱七八糟的想法。

事实上，那晚出去相亲的还有大哥，李婶子又给他介绍了一个餐厅服务员，没孩子。我建议大哥穿着我的 T 恤去，他还真的穿了。

7 ///

我走的那天是雨天，不是为了烘托气氛，确确实实下着雨，黑色的雨把空气洗得比以往都干净清亮了。我躺在那张已经睡得熟悉了的床上，大哥帮我新换不久的纱窗上有雨滴糊着。我本来是要告诉他我回家的日子提前了的，可是不知道为什么，在他出门的那一刻我都没有说，有点矫情了。

大哥已经对那个苟延残喘的老厂子不抱有任何会让他复职的希望了。他要参加明年的建筑工程师考试，一早就去了图书馆。

终于，我坐在了只铺了一层报纸的床上，眼前放着的是我妈给我买的廉价编织袋，那里面装着我的被子还有衣服，哦，还有一支钢制的油笔，大哥借给我的，我不打算还给他了。

“大哥，我要提前回家了。还不知道你的姓呢。”我给他发了短信。

“嗯，路上小心，我姓袁。你把我的钥匙藏在门口的老地方！”

他又忘记拿钥匙了。

8 ///

现在是北方的十一月，冬天来了。

我几乎每天都奔波在西安的各个角落，希望能寻个满意的工作。有一天晚上，我一个人站在空荡荡的公交车上，不想坐在空座位上，看着车窗外的灯光还有行人在我眼前转瞬而过，不知怎么的，我想起我母亲为了给我买结婚的房子，把自己的养老保险提前取了出来，还有那个在分手以后就扇了我一耳光的女孩，删了我所有的联系方式。突然，我这个二十几岁的男人，想要立马就拿到一张和“301”墙壁一样颜色的纸，写上“三十，风花雪月”，然后再把它撕成碎片，丢到车窗外，外面的风那么大。

太冷了，我把挂在胳膊上的衣服穿上了。

第三辑

总有山峰，总有路

曾有一个人，
刻在我的生命里

负责前台接待的女人40岁左右，没有化妆。几天前我在办理入住的时候就见过她，脾气古怪，像是正处在更年期。她收了我手里的房卡，然后酝酿了一番，冲着二楼的方向大声嘶吼了一声：“221退房，你去查房。”

我不知道这个“你”是谁。等了许久，从二楼的楼梯口走下来一个年纪更大的女人，头发金黄色，体态丰满，小腹的位置因为发福而隆起，又被紧身蕾丝衣服凸显得那么丑陋，紧身皮裤也将她的腿捆绑得那么实在，感觉就像要撕裂了一般。

“221消费矿泉水两瓶，其他正常。”她也是嘶吼着，明明是很近的距离。

我小心翼翼地注视着她那张被劣质油粉覆盖着的脸，双下巴的沟壑边沿儿没有把油粉擦得均匀，黑一块白一块。右嘴角的下方是一颗没有被盖住的痣，左脸眉毛上有一条长两厘米左右的伤疤，说话的时候，还能看到几颗镶了金子的牙。

而我，终于意识到了些什么，心里翻涌着巨大的力量，眼睛里噙满了泪水，就要流到我的脸上、我的全部，冲垮了一个男人该有的淡定和城府。

这所有的一切都发生在我确定她就是宋姐的那短短几秒钟之内。

1 ///

到 2005 年的夏天，我的母亲已经外出打工半年了，从春天的时候离开，那时的桑树还没有发芽，等到桑果全被摘完她也没有回来。我没有电话，也不会写信，我甚至觉得母亲会一走了之不要我了，每每想到这里就觉得害怕到眼前漆黑。那时我被寄养在一个并不是很熟的邻居家，说寄养也不对，因为我只是去他们家吃饭而已，其余所有生活上的事情全都是自己完成。我记得很清楚的一件事情是，为了能够准时起床不贪睡，我在床头准备了凉水，等到闹钟响起，就把凉水往自己脸上倒，然后再把被浇湿的枕头和床单晾在屋外。我也还记得我在给电视插电的时候被电打过一次，一时间泪水横流，从那以后就再也没有自己开过电视。

暑假，终于还是来了，长时间在邻居家吃饭已经惹得他们家所有的孩子都开始讨厌我，邻居家的大人也开始讨厌我。我碗里的饭菜一直在减少，他们也很少再和我说话。如果哪天我去得迟了，那就真的会不给我留饭。即使我知道母亲已经为我留下了足够的口粮，但是寄人篱下的感觉还是越来越强烈，那种从心底里升腾而来的不舒适真的会让我感到极度委屈并想要流泪，我觉得我不能再忍受一秒钟。于是，我托亲戚把我安排到了一个以蒙古风格为特色的饭店做暑假工，赚些钱，还能在忙碌中等我母亲回来。

那是一个鱼龙混杂的饭店，老板在那片被铁丝围起来的蒙古庄园里经营着各种生意，顾客也是络绎不绝。我刚进入饭店的时候是一个资历很浅的传菜员，受尽了欺凌，每天把厨师炒好的菜端到包厢里，厨房与几个包厢之间大都有着几十米的距离，而且是蜿蜒盘曲的鹅卵石小路。那短短的数条小路我不知跑了多少个来回，甚至连其他同事的路也需要我来跑。我已经被年龄大一些的同事打过一次，他们把我逼到一个墙角说些难听的话。我不知道他们打到了我的什么部位，我的鼻血止不住地流了下来，他们还抢走了我从白酒盒子上撕下来的兑奖券。面对这样的境况，我没有高声地嘶喊，也没有想过要报复，因为我是一个没有任何靠山和保护的毛孩子，最重要的是，即使这个工作再难挨，我也得做，因为我真的没地方可去。

后来再想起那时的记忆，我庆幸自己是幸运的，因为我只挨过一次打。第二次他们几个大一些的同事把我围在墙角要抢我的兑奖券的时候，有一个女人救了我。她用很尖的皮鞋头踢了那几个人的屁股，还把手里的香烟烧在他们的衣服上，在他们每人的袖子上都留下了一个烟头印。

那个女人把帮我夺回来的兑奖券整理了一番，放在了我的手里，然后她用自己的手帮我把因为惊吓而来的鼻涕擦了一遍。我看到那是一双不怎么年轻的手，指甲上涂抹着黑色的指甲油，但这些都不是重点，重点是温度，那双手的温度。我突然在不应该哭泣的时刻泪流满面，身子随着呜咽而一晃一晃的。她又用手摸着我脏兮兮的头发，而我不能自持地哭得更加厉害。如今回想起来，我能够理解那个十几岁的我为何那样哭泣，因为一种久违的熟悉和温暖。那种温暖让我终于能在那个混乱、庞大的蒙古饭店中有一丝依赖和安全感，就像我母亲还在的时候，我被噩梦吓醒，她用大手轻轻拍着我的肚子的那种感觉。

后来，我才知道这个有着温暖大手的女人就是人们口中传着的宋姐，一个谁都不敢招惹的女人。

从那之后，我便渐渐地和宋姐熟识起来。

2 ///

我忘了那又是怎样的一个日子，但我记得我那天服务的包厢是四号，因为那是最大的一个包厢，服务那个包厢的服务生都能拿到小费，宋姐给值班的经理打了招呼点名要我，我小心翼翼地期待着。那天四号包厢的服务员是荣荣，一个比我还小的姑娘，她也才来不久，她之所以能被安排进四号包厢服务也是因为宋姐，宋姐待她极好。

那么大的一个包厢，就坐了四个人，三个男人分散着，宋姐坐在靠近窗户的位置。她的两条腿并拢着放在身体左侧，右手支撑着上半身，整个人像是一条刚游完了水的美人鱼一般半躺在木炕上。我不知道性感是什么，但我知道那个姿势很美，尤其加上那支被她用手指玩弄着的香烟。香烟的一端升起一缕灰色的烟，被宋姐用一口气轻轻地吹到坐在她旁边的男人的脸上，一次又一次。

从那一刻起，我才真正理解了宋姐的职业。

我记得我端着最后一道菜进入包厢的时候，整个屋子的气氛都比较尴尬，服务员荣荣站在一旁不知所措地拽着衣角，见我进来，看了我一眼，然后落下了眼泪。

“小姑娘，别怕，让你坐在我旁边你就过来，你坐过来，我就给你一百块钱！”那个刚才还被宋姐吹着烟的中年男人轻声地对着荣荣说，左手下面压着一张钞票，我不知道面额多少。

“哟，又来一个小男孩，你来把桌子上的这缸子酒喝下去，我也给你一百块！”

那是一个透明的分酒器，里面装的是超过50度的白酒，我没敢出声，低下了头。

“喝下去，坐过来。”

我不知道我喝下去会发生什么事儿，但是我完全知道荣荣坐过去之后会发生什么，我见过太多这样的事情，很多女服务员会当着我的面坐过去，然后任人摆布、任人抚摸。如果有些男人用力大一些，那些姑娘也还会发出几声呻吟。

于是，不知天高地厚的我用力地瞪了那个男人一眼。

宋姐还是之前的姿势，用眼神示意我和荣荣快些出去。那个男人生气了，声音巨大地咒骂着我和荣荣，嘴里说着类似于让我们失业的诳语，他同时用手大力地拍打着桌子和桌子上的钞票，那声响震得我一颤一颤的。

“张总，他们还小！”宋姐抓着他的领带。

那个被宋姐叫作张总的男人挣开了宋姐的手。他用一种非常异样的眼光扫了一眼我和荣荣，然后，我看到他离开那盘木炕，站在了地上。他非常高大，甚至还有些臃肿，当他站起来的那一刻我突然有一种压迫的感觉。我看到他非常镇静地拿起桌子上放着的分酒器，就在我不注意的时候抓住了我的领口，用力地拽了一下。我有些讨厌当时的自己，因为我没有反抗，而是落下了眼泪。张总似乎并没有看到我的眼泪，又或许是看到了，但他不在意。他松开我的领口又迅速地用那只大手捏住了我的嘴，用非常大的力气把我的嘴从紧闭的状态捏得露出了一个小口。我感觉到了疼痛，粗重的呼吸从那个被捏出来的小口当中呼了出来，声音更大了，我的眼泪也更多了，恐惧也更强烈了。我眼睁睁地看着张总用另一只手把透明分酒器里的白酒倒进我的嘴里，被我吐出来，然后又倒在我的脸上，流到了脖子上、肚子上。我似乎有点绝望，只感觉嗓子灼热得厉害，呼吸困难。

我已经瘫坐在了地板上，我又看到张总拿着剩下的酒走向荣荣，当他用手攥住荣荣领口的时候，荣荣发出了刺耳的哭声，那种哭声凄厉又让人心疼。

宋姐也从木炕上站起来了。我从朦胧的眼泪中看到宋姐的妆已经花了，两股眼泪把她的睫毛和黑色的眼影冲刷了，脸上是两条深色的泪痕。她有些蹒跚地走到我们面前，用尽全力把那个男人的衣服拽住，那个男人被甩到了炕上，有些被惊吓住了。

“你们快出去。”宋姐用一种既急迫又隐忍的粗重声音喊着。

事情已经发展到我们无法控制了。我知道，当我们逃出去之后宋姐会遭遇什么，但是对于一个小男孩和小女孩来说，我们无能为力，我们只能逃出去。当我再回头看宋姐时，我看到她的眼睛，突然心里有了一丝疼痛，很难描述清楚的那种疼痛。

我们两个最终还是逃出了那间充满腥气的屋子，我和荣荣还没有走远的时候就听到四号包厢里传出的拳打脚踢声，还有宋姐轻声的喘息。我和荣荣互相看了一眼，眼泪再一次流了下来。

那晚快要睡觉的时候，我被宋姐从宿舍叫了出去，她身边还站着荣荣。宋姐的手里提着一瓶啤酒，她拿起啤酒瓶，问我喝不喝，我说喝。她用另一只手的一根手指在我的额头上点了一下，骂我小小年纪不学好，于是我就不敢再向她要酒喝。

宋姐拿出了两张 10 块钱的纸币，我和荣荣一人一张，她说是我们今天服务得好，老板们给的小费。我和荣荣什么都没有想就收下了。那是我第一次得到小费，还是10块钱。蒙古庄园的路灯晚上也亮着，光虽然不强，但是能看清我身前站着的这个女人的模样。深陷的眼睛，鼻子小巧但还算挺立，虽然眉毛浓黑，但是眉毛上还是能看到新鲜的伤口，已经开始结痂。我还在她的嘴角那里看到了一片瘀青，颧骨的位置上也有。再往下看过去，我看到宋姐的裙子被扯开很大的口子，有一条布耷拉着。我知道那都是刚才的张老板做的，但我什么都没说，心里才挥去的难受的感觉再一次涌上来，对于一个很敏感善良的小孩子来说，这一切很正常，本应该哭的，但我忍住了。

我把注意力再一次集中在宋姐的样貌上，在那样的灯光下面，我已经忽略了她脸上所有的瑕疵和伤口。在那一刻，我觉得她很漂亮，那是一种很母性并且能让我这个陌生的小男孩感到安全和温暖的漂亮。

随后的一些日子，我总是能收到宋姐给我带来的东西，有零食还有衣服和鞋子，都是新的。我长那么大，收到过的鞋子衣服无数，但是除了我母亲给我的衣服是新买的以外，其余的都是旁人的小孩儿穿过的，我也并没有觉得多么委屈，可能是习惯了。但是当这种习惯被一个名声不怎么好的女人突然打破的时候，脆弱敏感的我竟然有了扑面而来的感动和激动，甚至在那些特定的时刻，让我想起了我的母亲。

3 ///

农历的七月十五，也就是北方的“鬼节”，算是一个团圆的日子，而我的母亲还是没有消息。蒙古庄园为了吸引客人，在偌大的广场上点起了篝火，整个大院子都变得灯火通明，歌舞升平。在那一片乱景之中，在我的十一点钟方向，有一个破沙发，原本红色的沙发不知道怎么的在火和灯的照射下竟然成了棕色，而且还一闪一闪的，它上面坐着两个人，荣荣和宋姐。

宋姐坐在沙发的垫子上，荣荣则坐在扶手上，上半个身子依偎着宋姐。那是我第一次那么真切地理解依偎的意义：两个女人，在灯下、在火焰里、在乱舞的人群中，就那么靠在一起。一个是服务了几十年男人、没儿没女的老女人，一个是家境窘迫没有母亲还受尽顾客刁难的小女人。老的那一个弹着烟灰，小的那一个看着老的弹着烟灰。荣荣很费劲地摆着某种姿势，力气一直都用到了脚趾头。我看到荣荣的手被宋姐握着，就是极其自然的一种形态，我突然有了一丝感动，感动于荣荣的神情，满足而且幸福。

我终于看见宋姐在跟我招着手，她示意我也坐过去。我几乎没怎么思考，径直走过去，坐在了地上，宋姐把我的右手抬起来放在了她的腿上，再用她的手握住。在我们眼前是跃动的篝火火苗还有被火苗光亮创造出来的舞动的人影。宋姐让我和荣荣看那些乱七八糟的舞姿，荣荣笑着，我也笑着。

我和宋姐在蒙古庄园里共同生活了三个月，我见到有许多男人在她身上塞钱，也见过许多男人打她，见过她的眼睛肿起来，嘴角瘀青起来。我在后来又遇到过很多次危机，大都是宋姐帮我解决的。我那时还没有思想成熟到去考虑宋姐在我生命中到底扮演着什么角色。即使是现在我也很难去描述清楚。我只能清楚地告诉自己，宋姐填补了我那时的很多空白，甚至还在那些空白里涂上了许多颜色，而且都是暖色。

时间过得飞快，三个月了。我即将离开庄园回到学校，而宋姐也决定带着荣荣离开庄园。没人知道她把荣荣带到了哪里，但我始终不相信宋姐会像旁人说的那般，让荣荣接她的班儿，打死我也不信。

从我们那个庄园到柏油路还有一段距离，一条石子与松软的黄土共同铺就的路。我从宿舍跑出来，看到荣荣和宋姐已经上了一辆车。那辆飞驰的桑塔纳很快就惊起了一阵黄土，弥漫在空气中，又慢慢地落定。土路两旁是密密麻麻的绿草，绿草之间还有五颜六色的无名小花，它们随着汽车带动起来的气流而摆动着。

宋姐从车子的窗子里探出头，瞬时间头发被风吹得散乱，她朝着我的方向喊叫：“东旭，我过几天再来看你，你别哭。”

我听过太多的“我过几天来看你”这样最容易被人接受的告别方式，而我认为，宋姐也会和别人一样。我一边流眼泪一边觉得我们不过是彼此人生中的一个小点，即使很有光亮，但它毕竟仅仅是一个小点。我突然在那一刻又想起数月前送我们上车时的那个画面，于是泪水流得更加夸张，从那时我大概才确信，也最终承认，我对宋姐是有了种很特殊并且深重的感情。

第三天，也就是我开学的倒数第二天，宋姐再一次站在了我的面前。她给我拿来了一部诺基亚的手机，就是那种最原始的款式，被人们称为“皮娃娃”。那在当时可是富家孩子的玩意儿，我从来没有奢望自己也能拥有一台，但是它就是那么神奇地发生了。

宋姐已经帮我收拾好了所有的行李，她要送我回家。在去我家的路上，宋姐给我讲述着一个女人所有的不易，讲到我母亲一个人带着三个孩子的辛劳，完全靠着一个女人的体力养活我们，所以她让我理解母亲丢下我外出打工的行为。她也轻描淡写地说了几句自己的苦衷，她也让我一定要相信，这个世界上没有任何一个人会无缘无故地选择一条背离家人或者不光彩的路。我信了。

我家里的钥匙放在邻居家，我们去他家拿回钥匙。宋姐帮我掀开防苍蝇的门帘，然后推开暗红色的门。邻居阿姨坐在小板凳上，用搓衣板洗着衣服，我看到旁边的盆子里泡着她孩子的校服和书包。她认识宋姐，即使不认识，但是从宋姐的衣着以及梳妆上她也能判断一二。

她继续搓洗着衣服，没有给宋姐泡茶，也没有问我吃了饭没有。宋姐搭腔夸了几句我在蒙古庄园的表现之后，邻居阿姨回复了一句："在那样的烂地方，什么不三不四的人都有。"

宋姐呆立了一会儿问她："看东旭还需要些什么？或者要不要留下些伙食费？"

"王东旭，你再给我们家带这些不三不四的人回来，你也就别再来了，听到没有！"声音巨大，完全震惊了我。

于是，宋姐一句话没说就走了。我是个还要靠邻居女人过活的小孩儿，我不敢哭更不敢出去送一送宋姐，我用我的指甲掐着我的大腿。我从很脏的玻璃望出去，看到宋姐的长头发还有高跟鞋，她回过头来，向我招手，留下了一个特别美丽的微笑，那个微笑似乎是在说着什么，意味深远。

那一别就是十年不见。宋姐给我的手机，我用了好多年，最后也不知道被丢在了哪个阴暗的角落。从那之后，宋姐也就真的成了一个记忆。

4 ///

再一次见面是在十年之后的异地，分开的地方距离我们再次遇见的华山足有 1000 公里。宋姐变成了一个臃肿的妇女，虽然头发还是黄色，脸上的油粉也还是那么厚，但老了终究是老了。

我呢？我也已经不再是从前那个在肮脏饭店里打工的小男孩，也不再是那个敏感脆弱任人欺辱的小男孩。我已经大学毕业，有份收入不错的工作，偶尔也还写一写文章，过着体面的生活。

而当我们两个人再一次相遇都情绪激动地哭泣的时候，我想我们所哭泣的原因并不一样。她在哭泣匆匆岁月在她身上留下的痕迹，她已经要通过打扫厕所来维持生计，突然见到我，回想起曾经的时代，也因为看到我，或许想起了曾经在很多个时间段中，她都真心真意地疼爱过很多个无助的孩子，而我，则是像那些孩子的代表一样站在了她的面前，高大健康，衣服干净，于是，她想要哭一哭。那我呢？我突然想起，她曾经在刁蛮的顾客面前解救了我很多次，给了我人生中的第一笔10块钱以及新衣服，还让我在最无助的时刻坐在她的身边，看着篝火与跳舞的人，最重要的是，她在我最艰难的时刻充当了我最需要的母亲的角色。于是，我也需要哭一哭。

宋姐把我带到她的宿舍，是一间十几平方米的房子，瓶瓶罐罐摆得到处都是，一张小床很是整洁。她为我洗了一些水果，我拿起床头柜上摆着的一张相片，是宋姐和荣荣的合照，年代久远。

宋姐告诉我，荣荣自打离开蒙古庄园后就成了她的干女儿，她只让荣荣当服务员，没有做过任何不光彩的事情。她为了荣荣能嫁一个好人家，不愿意荣荣因为她的名声而嫁不出去，于是她远走他乡，到过陕北、西安再到此刻的华山，完完全全靠着自己的能力养活自己。说到这里，宋姐再一次有些激动地哭了起来，坐在了我的身边。我告诉她荣荣的境况，她生了一个孩子，夭折了，现在正打算生第二个。荣荣还开了一家超市，生活得还算安稳。宋姐再一次哭起来。

“311 退房，你去查房，把卫生也打扫了！”楼下传来那个更年期女人的吼声。

这个“你”指的就是宋姐。我站在 311 房间的外面看着宋姐工作。她戴着手套，没戴口罩，她把客人用过的避孕套从地上捡起来再用卫生纸包裹起来丢进装垃圾的袋子，她把床单和被套齐齐换下来。我要去帮忙，她推开了我。她把厕所的垃圾袋子拿了出来，一股恶臭袭来，搞得我没有恶心唯有难过，她又因为腿脚不便而只能跪在马桶旁边擦马桶，我看不到她的脸，只能看见她一头金色的头发。突然，我有些抑制不住地落了眼泪。

我还记得那个抽着烟喝着酒穿着高跟鞋的她，我也记得她的妆容，还记得她教训过欺负我的大人和小孩儿，那样一个善良又生活复杂斑斓的女人，此刻，跪在一个马桶的旁边，神情自然，呼吸顺畅。

宋姐结束工作之后，我们坐在附近的一家羊肉泡馍馆子里吃了一顿泡馍，我给她的那份里加了肉，付钱的时候我抢着付了，宋姐又忍不住想哭，我劝她别哭，好好吃馍吃肉。

我和宋姐之间的情感或许并不适合做过多的承诺，甚至当我要留下她的电话的时候，她都没有告诉我。她只是说：“你如果下次来华山时再来找我，我在的话那是最好，如果那时候我不在了，去了别的什么地方或者死了，那也是最好。”

一个经历过那么多是非恩怨、情感纠缠的女人，对于人世间的所有情感已经看得如此通透。我想说些什么，但是也好像并没有什么话比她的更真实、更有分量，于是什么也没有说。

“姨，我走了，你照顾好自己！”我第一次叫宋姐为姨，她拼命地点点头，给我的怀里塞了一个黑色的劣质塑料袋，她说：“我没钱，这些是我偷偷攒的，你拿着。”

眼前的树木没有完全绿起来，田地里的庄稼也还没有生长开来，这所有的一切都因为快速行进的高铁列车而变得不那么清晰，我便也不那么用力地聚焦。我的耳朵被一个低音很棒的耳机覆盖着，蔡琴的《渡口》鼓点很重，敲得我一颤一颤的。我打开宋姐塞给我的黑色的袋子，里面有很多小袋包装的一次性洗头膏和沐浴露，还有小管的牙膏，再就是几瓶饮料和十几根火腿肠。

我把耳机的音量加大，戴上了墨镜。

5 ///

前几天，我有机会再去华山办事。我来到宋姐工作的那个酒店，还是那个前台女人。我问她宋姐在吗，她说宋姐已经离开很久了，并且没人知道她去了哪里。

我站在空荡荡的酒店大厅，对面镜子上方的钟表小声地走着自己的步子，向下看，镜子中的我背着包，脸上露出温柔的微笑。

我们总是要学着原谅

原本以为，漫漫人生，定会阅人无数，我们与旁人之间的恩怨与纠葛也会无数。但当到达一定的年龄，驻足回首，我们才恍悟，生命太短暂，真正能在我们生命中留下重彩的人更是寥寥，那为什么被铭记的一定是恩怨与纠葛呢？

我们记忆与情感的容量太小，于是，试着把苦痛伤害的回忆删减，试着去原谅和释怀。

1 ///

我曾经有过一段维持了三年的恋爱。从相识之初的磕磕绊绊到熟识之后的你侬我侬，我与她都倾注了非常多的精力与情感。

于是，当终于到了分手的那一刻，我们都开始恍惚和反思，诸如那些过去的种种是否值得留恋，也开始对比在整段感情中谁付出的更多、分手过程中谁受的伤害更大以及这段感情的终结者到底是谁……不胜枚举。

在那段思想混乱并且报复心理严重的时期，我和她都没有办法正常思考，于是做出了许多令人惋惜的事情。

我记得那时候有个社交网站叫作“人人网”，她先是在“人人网”发布了一篇长文，指控我是一个自私狭隘并且与多名女生有染的渣男。她文章的最后一句话是：我感到欣慰，曾经烧过的香终于灵验，让我错过了他，感谢佛祖。

于是，从小学到高中，认识我们的朋友大都分享了那篇文章，并且配以极为难听、辱骂我的话。一时间，我成了众矢之的。

2013 年，我们已经很久没有联系了。那年冬天初中同学聚会时，我和她都硬着头皮共同参加。坐在吵闹的 KTV 里，男生喝着酒，女生唱着歌，她也唱了一些伤感的歌，把我的心情拉至谷底。酒过三巡，我开始有些醉了。通过晕乎的眼睛，我看向她的位置，她正在和身边的几个女生说着什么，能看见她脸上还挂着眼泪。我再看向她身边的几个人时，她们一起向我投来鄙夷的眼光。我想，她又在祥林嫂一样地哭诉她的苦难了。

于是，我端着一杯啤酒走到了她身边，原本打算让她喝了那杯酒，但也不知道是因为什么，大脑错乱地把那杯啤酒倒在了她的脸上、身上。我无法想象当我被朋友带走之后，她是如何面对那群龇牙咧嘴的好事者，也不知道她是以如何的狼狈形象落荒而逃，我至今后悔不已。

去年冬天，我在陕西举办签售会，新华书店与主办方并没有大力宣传，但参加的人数极多，礼堂中座无虚席。我在签售之前做了一个演讲，在那段演讲中我讲到了她的故事，我说：时隔多年，再一次回忆起我与她的往事，感慨不已，如果有机会，我愿意对她说一声对不起，并且送她一束一直没有兑现的玫瑰。

话音落地，有一个长头发的姑娘站了起来，虽然离得很远，但我知道那确实是她。我没有邀请她上台，但她就那么仰着头走上台来了。其实，我当时是非常紧张的，我怕她还没有释怀还没有原谅，我怕她抢过话筒，搞砸了那场签售会，我怕她会指着我的鼻子控诉我的罪行，让我在众多读者面前出尽洋相。

正当我不知所措的时候，她紧紧地将我搂住，声音哽咽着说，恭喜你变得更优秀，谢谢你曾经那么深爱我，我会永远感激。

一时间，我泪眼模糊，说不出话。而台下，掌声雷动。

等参加签售的人走完，她还在等我，她说她想与我合一张影，她旁边站着一个拿着相机的男人。我有点瞠目结舌，站在我眼前的这个男人是她现在的男朋友。但惊讶只停留了几秒钟，我恢复理智——眼前发生的一切都那么自然并且美好。

原来，她已经真正放下，并且释怀。

那晚分别的时候，她男朋友说等到结婚的时候，希望我能出席。她牵着他的手，又重复了一遍。我想都没有想，说了一句，必须参加。

走在寒冷的冬夜里，我没有感觉到一丁点儿的寒冷，却感到温暖。我由衷地祝福他们能过得很好。

2 ///

刚进入学校的时候，我是左手握笔，于是我母亲提着鸡蛋去拜托白老师纠正我的错误。白老师惩戒我们的方法只有一个，揪头发，只揪额头的那几根。我时常感觉前额的头发连带着头皮一起疼，从那个时候起，我就开始惧怕白老师。惧怕他严肃的面目，甚至惧怕他头顶不多的几根花白头发，有点深入骨髓的样子。

离开故乡之前，我对于白老师的记忆已经存留的不多了，但有两处记忆却无论如何都涂抹不掉。

一个农忙的春天，我母亲不知是因为什么和白老师的妻子争吵了起来。白师娘一边跳一边指着我母亲咒骂，言语不堪。我母亲是个不会骂人的人，当别人骂她的时候，她顶多偷偷地瞪一眼或者掉一滴眼泪。二姐当时 10 岁，看不下去母亲受辱，于是她拿着一根棍子跑到白师娘面前，往她身上戳了几下。让我惊悚的是，在那一刻，白老师顺手拿起了一把铁锹，青筋暴起地向我们的方向砍来。

受伤的自然是母亲，她护住了我二姐。我清楚地看见母亲的脸上有了不止的血，头发也都被红血浸湿。我当时傻傻地一动不动，两个姐姐也都瘫坐在地上嘶哑地喊着妈妈。我记忆中最后的一刻是我妈晃晃悠悠地跌倒在了地上，其他的都忘记了。

第二处回忆是一个非常寒冷的冬天。那时我的母亲已经外出打工，家里就剩下我和姐姐以及年迈的奶奶。如今说起这个回忆我都不能完全相信，20 世纪的 90 年代，陕北的农村，居然还有家庭没有能力拿出一块钱给感冒发烧的孩子买药。感冒发烧的那个孩子就是我，拿不出一块钱买药的家庭就是我的家庭。于是，当白老师要求我们每人上交两块钱，用来生炉火取暖的时候，我再一次被拖入深深的恐惧。第一天我没有拿到那两块钱，于是，白老师让我在寒冷的教室外面站了半天。等到第二天我奶奶领着我到学校找他说情的时候，白老师不知道说了什么难听的话，我的奶奶泪流不止，我也泪流不止，虽然不懂白老师话语中的意思，但当我看到年迈的奶奶流下浑浊的泪水的时候，我有些情绪失控。

于是，在我转学离开母校、离开白老师的时候，头都没回。因为就当时而言，我不认为我对于那样的学校、那样的老师有什么留恋可言。可是后来听我奶奶说，白老师难过了好几天，他说他应该给母亲赔礼道歉。

近些年，断断续续地听到白老师的消息，他最引以为傲的儿子堕落了、妻子病重，还有他的极度衰老。这些道听途说的消息在我心里没有激起过一丝涟漪。

最近一次见到白老师是在我上大学以后。

他就那么蹲在三爷家的炕边，手里捏着一支自卷的烟，花白的头发，秃顶的那一片更是光光如也，努力地咳嗽着，感觉就像要咳出血。他抬眼看我的时候，似乎都没有足够的力气。看到曾经凶恶的老师如今安静地蹲在自己的面前，像一个受伤的孩子一样，我心里是有些不舒服。这种不舒服是时间给予的，我没有任何能力进行抵抗。我曾经无数次试想当我荣誉回乡的时候，我一定要刻薄地表达我对他的极度不满。可当真正面对他的时候，我的双眼噙满了泪水。这泪水不仅仅是因为白老师现在颓败的处境，更是回想起那一段段的过往，不会因为他而褪色，反而更加色彩斑斓。

我不想与白老师讨论过去，我有意地躲避着，可是他说：“你挺有出息啊。你是我教出去的第一个大学生！过去的事儿，你还记恨吧？”

他笑了笑。

我母亲曾经摸着头顶的伤疤告诉我她早就原谅了白老师，我问是什么原因让她原谅，她没有说话。我问自己，对于过去那些耿耿于怀的一件件磨难一般的事情，我是如何就这么轻而易举地释怀的？也是找不到答案，或许真的是时间在逝去，我自己的身体装不下那么多的仇恨，于是，学着释怀学着原谅了。

我很潇洒地回复白老师：“恨什么恨？我早都忘记啦。”

我也笑了笑。

3 ///

或许她是打心底里讨厌我。我是从陕北最偏僻的农村来到的那个还算发达的小镇。她穿着时髦的衣服，我从来都是仰视着她，并经常拿她与我的母亲做对比，才发现了母亲的苦难。

当时的我在一个亲戚家过活，每天放学后都要做很脏很累的活计。她是第一个在所有人面前嘱咐我要按时洗澡的人，我还是很感激她没有直接说我的身上有臭味，她也是第一个告诉我："你妈做的土布鞋不适合在城市里穿。"

从那以后，我便再也没有碰过我妈一针一线纳的布鞋，我不知道是我太虚荣还是她的那些话语力量太大。

小学三年级的一天，本身内向的我在老师同学面前像是一只没有吃饱的猫。那节数学课，我很自然地蹲下身系了系鞋带，被她发现了。她端庄地走向我，面无表情，然后用三角尺指着我的脑袋，示意我继续系鞋带。我是一个还算能识别眼色的孩子，我看着她，因为我不相信我的理解。是的，乖猫咪一样的我又继续系鞋带。我已经记不起那节课的时长，可我还记得我为了让那节课快点过去，一遍又一遍地将鞋带解开、系上，这个动作我一直持续到了下课。起身时全身发麻不能动弹，我扶着桌子许久才恢复知觉。

第二件事儿关于荣誉。小学我热爱数学，曾经跟着初中的表哥同睡同醒同学习。期中考试，我考了一次数学第二，她承诺会给我们成绩优异的孩子一本 3 毛钱的数学本，那些数学本是校友赠送的。我几乎是奔跑着回去告诉我的母亲我即将获得的荣誉，因为我知道刚转到这个城市来的时候，我的母亲为了我差劲的成绩遭受了她很多次的训导。如今，雪耻的机会总算来了。

可她真的没有给我机会。一本 3 毛钱的本子没有发给我，理由是她说的："借读生不享受校友的捐赠。"那一刻，我确定了她是从心底里讨厌我的。

第二天早晨，我没有买5毛钱的方便面，而是买了一本数学本，中午拿给妈妈——我和妈妈因为不同的原因，流了相同的眼泪。

后来，她生了很多场大病，断断续续地给我们上课，再后来，我们换了老师，我的数学成绩也一落千丈。

上初中时，我偶然知道了她家的住址。

那是一个冬天的傍晚，我来到她家门口，在那扇铁门上写了一句让人恶心的脏话，又把几根牙签硬生生地塞进了钥匙孔，然后得意地走了。

在走出楼道的那一刻我遇见了她，她裹着厚厚的衣裳，面色憔悴得像是被人放干了血，眼睛也不再那么严厉，手里还拿着一个吊瓶，另一只手上是胶布和针头。

我以为她会无视我，13 岁的我当然也会叛逆地不理她。可她却微笑着走向我说：“呀，这不是王东旭吗？”

她问我近来学习如何。一时间，我竟然失去了所有的语言。难道她忘了吗？她忘了我是她极度讨厌的人了吗？

在无数个夜里，我都想象着一个病重的女人，拿着吊瓶，在刺骨的寒风中寻求帮助的落寞身影，更要命的是铁门上那句足以击碎一切坚强的话。过多的想象是多余的，我只祈求上苍能让这一段记忆从我以及她的脑海里彻底消失，过去的种种不堪回首的记忆也都一笔勾销。

终于，我们再也没有任何交集。我也没有刻意打听关于她的消息，只知道她过得不怎么幸福。

前几天我上微博的时候被她的儿子加为了好友，他给我发了“私信”：我妈一直夸你聪明上进，一直想见见你。

那一瞬间我有些哽咽。看来她真的忘了，她不仅忘了她那么讨厌我，也忘了我曾伤害过她。

今年“妇女节”时，我发短信给她：请您原谅，祝您健康。

她回复：东旭，回家之后来找我，我带你去吃饭。老师老了，有些怀旧，很想念你。

写给
毕业的你

我相信，能看到这篇文章或者这本书的人中，一定有即将毕业或者已经毕业的大学生。我并没有许多大道理要讲给你们，我只是想告诉你们我经历的几件小事，希望你们可以从我的经历中得到一些切实的体会。

1 ///

此时的我正在云南的一个小村客栈里，外面已经很黑很静，偶尔能听到一两声狗吠。我上身光着、下身裹着被子，手提电脑就放在我的两条腿上。自从工作之后，我几乎都要忙到这个时间点，我说不上我的工作有多么辛苦，但是总要花很多的时间去准备。等到这篇文章写完之后我就要去准备下个星期要讲的课程。而与我隔床的同事已经抱着他的电脑睡着了，我没有叫醒他，只是帮他收起了电脑。

我想起上个月的某一天，广州下着很大的雨，像是从某个地方泼下来的一样。我撑着从西安康复路批发而来的大黑伞走在雨中，寻找一个能够相对安定的住所。我爬着一个很高很陡的坡，从坡顶流下来的水急并且快，我的鞋子早已经湿透，劣质的雨伞也就要被大雨拍烂了。我一只手撑着雨伞，一只手拿着手机，不停地给招租告示上的房东打电话，可是打了好多个之后，依然没能找到合适的房子，原因大致就是太贵或者太偏。

等到雨停了的时候，我又路过了一个水果摊儿，上面摆着很诱人的水果，还有一块很红的被切开了的西瓜。我很想停下步子去买一块西瓜来吃，但是我没有，因为标价很贵。我在离开水果摊儿的那一刻有些难过和不能自持。我知道我不是在虐待自己，我只是在那一刻觉得，要是不吃那块西瓜，也许就可以换一个洗脸的盆子，或者给要租的房子里添置一个不起眼的小东西。于是，就那么错过了，错过了很多次。

我们大学班级里有一个微信群，偶尔活跃。断断续续地，我也得到了一些并不是很好的消息，甚至已经有人换了好几份工作，也有人做了很费体力的事儿。我们所有人都心照不宣地懂得目前生活的不易，但是也都坚持着，谁也不抱怨什么。我们所说的最多的一句话就是，先熬着吧，过两年就好了。

已经工作的你，如今过得好吗？

其实我们已经过得很好了。我不舍得买一块西瓜解渴是因为我要省下钱来，买一个脸盆或者晾衣架；你换了几份工作还没有放弃，是因为你还在寻找一个更好的；你做了费力气的工作也能坚持那么久，是因为你知道过两年就会好转，甚至不用两年那么久。所以，亲爱的你发现了吗？我们所有的基点都是在未来，我为未来积攒了一个脸盆，你为未来增加了一份更好的选择，你也为未来添了一份特别坚定的期待。

因此，我们过得很好，请不要为我们担心。

2 ///

在毕业生当中，还有相当一部分人选择了继续读研究生或者选择“二战”。

我有一个很要好的朋友选择了“二战”，她住在家里没日没夜地学习，妈妈给她端茶送水。前几天，她打来电话，什么都没有说，只是号啕大哭。我什么都没有说，只是静静地听她哭，她哭了好久。我不需要问她具体的原因，我知道她肯定是压力太大了。对于一个经历过一次研究生考试的他们来说，每一天都那么不容易，甚至在睡觉前的一刻都是紧张害怕的。他们的紧张在于，他们认为他们没有资本和时间再去失败、再去挥霍，于是，只能成功。

但是，亲爱的你，你这么做是不对的。我不能说很多大道理给你们听，我只是想说，你们还记得那年的高考吗？你们还记得有人考入清华也有人考入技术学校甚至有人落榜吗？我还记得高考前那几天我夜夜失眠，成绩也让人大失所望。但是几年过去了，你看看你的周围，我们和金榜题名的人之间的差别真的那么大吗？被我们看作是生命一样的考试，真的在我们失败以后就要了我们的命吗？并没有，我们依然生活着。

我还有一个朋友第一次研究生考试的时候就顺利地考入了名牌学校。那天我在微博上看到她也在哭，我问她为什么。她说："孤独，很孤独。"

我并没有觉得她是在矫情或者没事儿找事儿，我表示深深地理解。当你们提着很大的行囊走进一个大到令人晕头转向的校园，看到一个宿舍里住着的完全陌生又精明的人的脸庞的时候，我想孤独是必然的，甚至会有更多的情绪。你们中的很多人再也不能像四年前那样没心没肺地告诉新舍友很多秘密，再也不能穿着一起定制的宿舍服到学校附近的小吃街闲逛了。我并不知道为什么会这样，只是知道你们确实不会再那样了。

但是你还记得我们初到大学校门的那一刻吗？我们的恐慌和彷徨有多深？在面对陌生的同学的时候，我们做出了多少的假设与猜想。但是四年后的毕业节点，我们会想到之前的忧虑和猜疑是多么多余和可笑。时间已经把本来独立陌生的我们紧紧地联系在了一起，并不容易分割。于是，我说你现在所有的困难都是暂时的，让时间来帮你丰盈起来。

你的生活会在很短的一段时间后变得美好，如你怀念的大学生活般美好。

3 ///

在毕业生群体中，还有一类很特殊的同学，就是因为种种原因而没有拿到毕业证书或者学位证书的人。我本来觉得这个话题很敏感，但最后还是决定说一说。

我在大四毕业的时候，跨过了三道大坎儿，每一道坎儿都足以让我无法毕业，但也不知道由于什么，我最后顺利毕业了。在那一段最艰难的日子里，我几乎崩溃绝望，但是我有自己坚持的底线——只要不死，就不算什么。于是我想说，对于那些还不太顺利的同学，我能够感同身受。

说到底，我们自身是出现了问题的。毕竟，我们自己的过错大于别人的，这是一个很重要的价值观点。我认识的人当中，有几个关系不错的人没能顺利毕业。其中有一个很不错的小伙子已经寻得了一份工作，虽然按他的话说那份工作并不是长久之计，但是能够安心踏实地积淀就已经成功了一半。还有一个同学，他因为一门考试没有过关而延期毕业，三天前，他告诉我他已经在学校的附近找了一套房子，他要在接下来的一年当中，只学一门课程，只靠自己拿一个不错的分数。

这两个真实的人，让我触动很深。我们总要学会为自己所做出的事情负责，而接受就是一个最难的开端。于是，即使你们心有不甘，但已经接受，并且为着这份接受，你们已经在做着以前不曾有过的努力，而这就够了。

因此，我想说，你们也已经过上了很好的生活。

4 ///

我记得，我们在毕业的时候说得最多的一句话就是：我希望我们再见面时，你已经过上了想要的生活！

你还记得吗？

其实，不论你是这三类人中的哪一类，你都已经过上了你想要的生活。我总坚信正在进行的生活不论多么困苦都应该是最好的。对于别人的生活我们可以羡慕，但是对于自己的生活，我们要永远深入骨髓地热爱。

我想，我不会再为了一块西瓜而纠结，即使因为昂贵而不吃，我也不会难过，因为我在为未来的生活添砖添瓦。我想，你也不用因为“二战”而失去快乐，虽然说“结果不重要，过程很重要”这句话听起来很虚伪，但是真当我们心平气和后，我们回头看发生过的所有事情，你会发现，重要的真的是那个难忘的过程，因为我至今都在怀念曾经在苦难里摸爬滚打的自己，也正是那些苦难一般的经历让我有了沉淀和思索。我想，你也不用因为没有顺利毕业而一蹶不振，既然学会了接受就要一直接受下去，或许那是对你最好的安排。

“只要不死，就不算什么！”

我再一次大声喊出那句话：我希望我们再见时，你已经过上了想要的生活。

你已经过上了最好的生活。

总有山峰，总有路

“我终于懂得了生命中有许多山是真的跨不过去的！”牛牛心平气和地说着。

1 ///

2015 年 6 月，我怀着特别复杂的心情从生活了四年的校园走了出去，拖着大大小小的行李，身后是许多掉着眼泪的人。我总以为这样的情节过于矫情而且戏剧化，但是真正发生到自己头上的时候，我竟然连一丁点儿抗拒的力气都没有。不拥抱还好，一拥抱就闻到我的沐浴液的味道，哼，少文那烂人又偷偷用我的沐浴液了，连衣服上洗衣粉的味道也和我的一样。于是，眼泪哗哗地落了下来。

在我磨磨蹭蹭地踏进出租车的那一段时间里，我一直在用已经肿起来的眼睛搜寻着一个人——牛牛。我倒不是想让他送我，也不是要检查他是不是也偷了我的洗衣液，而是我发自内心地想知道，他在经历了那么大的打击之后变成了什么模样。我也闪躲着，我更怕那个和我称兄道弟的男人会出现在我的眼前，我受不了他遭到重创后一副失魂落魄的样子，我是个多情的人，我想那又将是一场拉拉扯扯的哭戏。

到达陌生的广州，一下飞机，一股无法形容的感受和感觉扑面而来，感受是客观的，感觉是主观的，都是极度复杂，不能理清的。摆渡车上所有的乘客都在抱怨着拥挤、高温，而我的外套还没有脱，帽子也没有摘，全身已经湿透了。我两只手不停地按着键盘上的字母，好久好久，才写出一行字：牛牛，我到了，你给大爷我挺住。

我完全没有心情看我从来都没有看过的高楼和翠绿茂密的树，我也没有思考我接下来要面对的工作中的所有考验。因为我即将要面对的根本不是我预想的和想要的，我只是被生活强迫，远走他乡，寻一份饿不死的工作糊口而已。我想要的是按照已经确定的计划：顺利毕业，和牛牛他们按照之前校园招聘的录取通知到重庆的一家汽车企业入职，然后一起租一套房子，我来做饭，他们洗碗、扫地；我们中如果谁带女朋友回来，另外两个就把自己反锁在厕所或者阳台，不能吹口哨干扰也不能偷拍；结婚的时候，份子钱一定要比所有人的都要高；生了孩子之后一定要把另外两个认作干爹。

你也看到了，年轻人的计划很美，甚至纯净真挚到能够让所有人回想起年少时的交情。但这所有的计划都像是一个空的盒子，甚至现在想起来连盒子都没有，因为盒子就是顺利毕业。但牛牛没有，他没有毕业，于是，盒子没了，也就什么都没了。

曾经被我们很多人认为是小事儿一桩的事儿就这样毫无征兆地落在了我们的头上，当它真正来临的时候，我们才睁大眼睛攥紧拳头质问那些站着说话不腰疼的人：那怎么能是小事儿一桩呢？你闭嘴！

当我们所有人穿着学士服、戴着学士帽，站在礼堂里高声宣誓完不知具体是什么东西的誓词之后，我和少文排队拿到了学位证书和毕业证书，红色的，包着一层塑料纸。没来得及感慨 20 年的板凳与课桌竟然只是换取了一个不怎么厚重的证书，我和少文就拿着手机找到牛牛要自拍。他坐在脏兮兮的地板上一动不动，把学士帽丢在地上。牛牛的身边围着一群人，嘴里嘟嘟囔囔地说着很多鸡汤段子，还有的背诵着名言警句。

原来，我们的一个老师真的没有让他最后一门考试过关。

请你千万不要跟我讲老师有老师做事的原则，老师有老师的义务，老师有老师的难处，狗屁，也请你不要让我思考我的朋友是否应该负更大的责任。在那一刻，当你的朋友像个失了魂魄的野鬼一样瘫坐在你面前，你迅速意识到所有的计划都将破灭，并且你能够清晰思考人生的所有轨迹都要因为这场灾难而以蝴蝶效应一般的方式转折行进的时候，请你不要和我谈理智和思考，狗屁，我只想打人。

牛牛躺在床上五天，没有吃一粒饭。在这难熬的五天当中，我和少文与合约公司解约，去重庆的决定是三个人一起做的，也是因为三个人一起才变得那么信心满满，但是突然就变成了两个人的时候，我们或许不需要思考太多，牛牛也连一句劝阻都没有。

我和少文没有能力把牛牛从床上拉起来，我们在他床上泼水也无济于事，最后还是看不得他睡在湿漉漉的床上，帮他换上了干净的。把他从床上拉起来的人是牛牛的女朋友木木，他们交往超过四年，也已经见过父母。在木木听说了牛牛把工作找到了她的家乡——重庆之后，她就让她父母动用一切关系把她安插在了当地一个电视台，做编导实习生，准备来一场至死不渝的爱情，这话是他们在朋友圈里说过的，还会配上一张合影，木木嘟着嘴踮着脚尖，牛牛摸着她的头发。

木木扇了牛牛一巴掌，我不在现场，是别人后来告诉我的。木木告诉牛牛她要带着行李回重庆，不能再拖一分一秒，她要找牛牛讨一个说法。是的，说法。

一个在几天之内连续丢掉毕业证书、工作以及家人理解的23岁男人，在这样的情境之下，能给出怎样的说法呢？我想他连说话的力气和心情都没有。

当我赶到现场的时候，他们两个人抱在一起，木木的头发散着，身体随着哭泣的频率一晃一晃的，牛牛倒是淡定了，用手掌抚摸着她的后背，说道："没事儿没事儿，你先回重庆，我考试过关也就是半年之后，我去找你，我都跟你妈说好了，乖。"

把木木送走的那天是6月5号，温度能把人给融化了。我们三人搬了一箱啤酒，坐在已经人去楼空的宿舍走廊里。太阳已经快要消失了，仅余的光亮从走廊的窗户漫进来，懒懒地打在地上，就那一片是亮着的，其余的地方都黑了，也安静极了，酒瓶子落在地上的声音都能震耳，让我的心一颤一颤的。

我和少文的酒还是满的，牛牛面前已经倒了好几个空着的瓶子，一动不动，虽然听不到什么呜咽，但是我们知道，他在哭。

整整憋了五天，他终于借着一点儿酒精哭出来了。我从来没见牛牛失态过，每一次外出聚会或者唱歌，他都没有喝醉过，那天晚上是唯一的一次。我看着他渐渐地和酒瓶睡在了一起，发出咔嚓咔嚓的声音，他把空瓶揽在怀里，继而呕吐，吐出来的全是酒水，慢慢地连酒水都呕吐不出，又哭出了声音。

我从没有见我兄弟如此难过、狼狈过，他是一个豁达、坚强的人，曾经一个人骑着自行车从西安到青海湖，没钱住旅店就睡在路过的玉米林子里，饿了没有地方吃饭就偷地里的土豆和玉米来吃，也可以用一个月的时间赚够一整个学期的花销，在球场上更是英姿飒爽。面对他如此伤心欲绝的表现，我表示惊讶，但是也认为理所当然。他毕竟是一个没有经历过大风大浪的孩子，农村的父母毕竟因为他曾经的金榜题名而自喜过，自己的准丈母娘也正是因为他的学历和即将到手的好工作而愿意将已经与他交往四年的女儿托付给他，而他也幻想憧憬过与自己的好哥们儿在陌生的城市中实现一种叫作梦想的东西。然而，这所有的一切，就在他突然意识到问题严重性的那一刻全部崩塌了，像是一座山的崩塌，碎石击打在他身上，大石头落在他身上，他或许在那一刻真正体味到了什么叫作绝望。

“绝望”这个词我删除过好几次，但也找不到更贴近的词语。

对于一个学生来说，用无法毕业四个字来结束自己整整 20 年的学习生涯，确实是绝望的。更绝望的是，工作的丢失，以及一整个村庄的人侧目、父母的眼泪，就连非常有把握的女朋友也在那一刻变得虚无缥缈。而他还只是一个孩子，即使是经历过人生历练的大叔遇到这些打击之后，不也会感到绝望吗？

2 ///

我走了，托学姐给我找了一份远在广州的工作，少文不顾家人劝阻选择参加公务员考试，并且一直催促我尽快参加工作养活他们，于是，我走了。

同年十月，我还在广州热死人的天气里吹着风扇，不舍得买一块冰镇西瓜来吃。我躺在凉席上面一动不动，我害怕我每动一下就会产生多余的热量。我在接少文的电话，他的声音听起来极其憔悴。他和父母闹翻了，带着向朋友借来的钱，在西安租了一套房子，一边找工作一边准备公务员考试。牛牛的女朋友准时地和他提出了分手，木木不愿意听他会在几个月之后到重庆找她，她妈已经给她安排了相亲对象，有车有房有稳定工作，牛牛说，好。

我买了当日的票赶回西安。

十几平方米的房子，没有阳光，深色的窗帘上落有着厚厚的灰尘，屋子里的味道很难闻。我把窗帘扯开，将窗户打开，由于租来的房子是阴面，所以还是黑漆漆的一片，于是我又把灯打开了。白炽灯光下是一张桌子，桌子上摆满了书本，左侧是沙发，上面躺着少文；里间也能看得到，床脚露了出来，还能看见牛牛的脚，他没脱袜子。

“你们想死就跳下去，别给我装神弄鬼，不死不活！没出息！”我冲着墙喊叫着。

说完我就后悔了。

我又看到小方桌子上摆着一碟榨菜还有几个有些干的馒头。这时候少文从沙发上爬起来说：“你喊毛线啊，牛牛刚找工作回来，老子我学习了好几个小时，睡一会儿，你喊毛线！快别站着了，赶紧去拉屎，我们饿了！”

我笑得前仰后合，把难过到极致的情绪隐藏得一点儿都看不出来。

我身上的钱太少了，给他们做饭的米都是论斤买，不敢买一整袋儿，蔬菜也是讨价还价，吃不了的馒头切成片晾起来，烧水他们说费电，于是喝的自来水，幸好没有拉肚子。

少文在家里复习，我让他给父母打电话认错，他说早已经认过错了，在这些被我们认为是狂风暴雨一样的日子里，我们也懂得，同样与我们逆风而行的还有我们年迈的父母，我们又有什么理由和权力去和他们抗争，况且他们并没有做错任何事情。我拉着牛牛坐上公交车去找每一个他与木木有回忆的地方，做那些我曾经最不齿的矫情事情，文艺的小年轻把那些叫作寻找曾经的回忆。屁呀，回忆是两个人的，一个人再怎么找也是找不到的，只能是浪费公交费和感情。

我和牛牛站在西安浐灞的湖水边儿，这是我们经常带着木木和其他朋友来烧烤的地方，被我们烧黑的地板还没有完全恢复颜色。十月，北方的风已经开始有点凉意，一阵阵的风吹过来，我也看到水波和树枝有些漾动，于是，我问他，有感觉吗？他说，没有。

我把他从岸上踢到水里，扑通一声，随后是他的大声呼救。我问他，有感觉吗？他说，太有了。我说，你现在还想干吗？他说，我想给你当牛做马！

于是，我用树枝把不会水的他从水里捞了上来。

第三天，我陪牛牛找到了一份临时工作，给住宿的顾客推广一款旅游订房软件，按照下载量定工资。我问他，干吗？他说，干啊，往死里干！

其实我们都不是伤感矫情的人，也肯定不是脆弱无用的人，但我们确实是年轻人。当我们经历着我们人生中的无数个重大的第一次撕裂的时刻，我们是需要矫情、脆弱、软弱一下下的，就一下下而已。像是完成某种仪式，就好像完成了这个仪式，我们就能在以后的日子中变得丰满，从而可以重新出发，等遇到别人正做着同样的傻事儿的时候，我们可以骄傲地对他们说："切，你大爷我当年比你惨多了，也没像你一样哭哭啼啼，我们只是抽了一根烟而已。"

3 ///

我又走了，把正在一心复习的少文留给了牛牛，所有的开销都由牛牛做软件推广来赚取，我一分钱都没有留下，只买了一袋米，以防他们真的饿死。没想到牛牛还是那个牛牛，第一个月赚了五千多元人民币，烫了头，买了新衣服，甚至还给他和少文各办了两张健身卡。他增肥练肌肉，少文减肥肉。少文的警察考试也已经考完，我的书也正在出版发行，一切似乎都在向另一条更加阳光的路行进着。

冬天，我的书已经上架，母校邀请我回学校举办一场签售演讲。我再一次带着复杂的心情回到西安，没有住在学校安排的酒店，而是很顺利地找到了少文和牛牛住的地方，窗帘还是拉着，灯开着，牛牛在地上做着俯卧撑，少文耳朵里塞着耳机。我再一次把窗帘扯开，大声喊着："快给我这个青年作家下跪请安，快，快！"

那两个烂人齐声回答："你咋不让屎把你淹死！"

这句话是我们大学里经常说的一句话，那么久远，那么熟悉。我跑过去捶他们，被他们按在瑜伽垫子上一阵蹂躏，直至求饶："再也不在你们面前装酷了，不然老婆永远是处女！"

那天签售会，我本打算坐辆公交车到达学校，他们两个穷鬼说要安排名贵车，结果，最后来了一个滴滴打车，还是因为那天半价，我忍了。在去的路上，我告诉他们不要在现场买书，因为是原价，网上比较便宜，但那两个穷鬼还是买了十几本，排在队伍当中等待签名。我随便望过去，就看到那两个穷鬼拿着手机远远地给我拍照，也帮工作人员维护秩序。等到轮到他们时，不知道又从哪里变出来一把百合花，明明就四朵还非要整成花束，我当场就拆穿了他们的穷鬼行为，他们没有反驳，反而要和我拥抱。

多么矫情的要求，我碍着那么多人在等，就和他们两个拥抱在了一起。突然，复杂的情感又涌上来了，那两个穷鬼又偷用了我洗漱包里治疗脱发的洗发水，一模一样的味道，泪水再一次噙满眼眶，我哽咽着让他们快滚。

熙熙攘攘的人群散去了，他们两个拿着旁人送我的东西，站在离我不远的地方等着我，牛牛说："东哥，我怎么突然觉得日子好过一些了呢？我怎么突然那么感慨呢！"

"你咋不让屎淹死呢？"我和少文齐声回复他。

那天夜里，很晚我们才回到出租屋里，屋里很暖和，灯光也很温和，饭店里剩下的酒被我们带回来了，就要喝光了。少文已经睡得很沉，发出很响的鼾声，牛牛在用手机给少文录着声音还拍着照片。

"少文和兰兰分手了，你知道吗？"牛牛轻描淡写地说道。

我有些惊吓，回复道："我不知道。"

"少文警察考试第一名，但体测不过关，被淘汰了，你知道吗？"牛牛已经坐在沙发上了。

我依旧回复我不知道。

兰兰是少文的初恋，在一起超过四年，甚至在少文最困难的一段时间里，也是兰兰陪着少文的。少文不怎么在我们面前秀恩爱，但是我知道他要娶兰兰。然而兰兰就在陪少文一起度过失业困难期、复习困难期后，最终还是因为少文警察考试的落榜而离开。我想说一句诚实并且成熟的话，兰兰并没有做错什么。

隐隐约约中，我倒突然觉得自己做错了什么。在那几个月的忙碌中，我为了我的浮名利禄奔波忙碌着。没想到少文已经在我完全缺席的几个月中，经历了和之前牛牛同样的事情，我有一些羞愧，觉得自己有些自私，不够朋友。但是说真的，更多的是感触。那个最喜欢惹是生非、从小娇生惯养的少文竟然在发生了这么多事情之后表现得如此淡然并且成熟。他陪着曾经的牛牛一起伤心过、醉过、骂娘过，但当他自己亲身经历的时候，他又像是一个已经经历过一切的人一般，怎能不让我感触？我也感触于我没能参与这一次重大的成长，它切实地告诉我一句话：有些险路，确实需要一个人独自行走。

我站起身望向少文的方向，他有些瘦了，胡茬也确实有了一些，黑色的眼圈有些陷下去，嘴微张着，呼出难闻的酒精气味，一副特别安静、特别让我敬重的模样。

4 ///

从毕业季的那些日子算起，到今年的春天，牛牛一共参加了那个没让他毕业的老师的四次考试，每一次的分数都是 58 分，还剩下最后的两次考试机会，分别是三月和五月。五月又是毕业的季节，如果五月的考试还无法过关，那么他将永远得不到学位证书。

少文也已经放弃了公务员考试和警察考试，他将目标定在了省考，也算是给自己的最后一次机会，如果考不上，就去找一份踏实的工作，最好距离父母近一些，也能有个照应。

春节是在二月，我很晚才得到假期回北方过年。少文和牛牛集资批发了一些花炮和对联，摆在街道上叫卖。我去看他们，远远地看到他们两个穿着绿色的军大衣，两只手藏在袖筒里，袖筒和袖筒连在一起，他们头上还戴着雷锋帽，耳朵的遮沿儿垂下来盖住了耳朵。我再走近一些，看见他们的脸被冻得通红，而且看上去就要皴裂了。

“两位老板，给我来点花炮，对联也要！”

“你怎么不让屎淹死呢？”少文起头儿，牛牛附和，我笑得很真诚。

短短几天，他们两人赚了一万多人民币，就请我吃了一顿羊肉泡馍，还是普通版，我要求加十块钱羊肉，他们让我加屎，我吃不下屎，于是作罢，每每想起，我便心脏绞痛，腿脚抽搐。

他们的钱没有乱花一分。春节的机票很便宜，他们两人飞到了云南，痛痛快快地潇洒了七天。七天之后，少文飞回西安，回到出租屋继续备战四月的省考，牛牛带着考试的书没有回来，他说他要把中国走遍，用 4000 块人民币。

每天都能看到牛牛从一个地方到了另一个地方，又在青旅里认识了几个相谈甚欢的人，偶尔还在朋友圈发几张照片，再配上连我都觉得矫情到发麻的心灵鸡汤，我通常回复一个笑脸，少文会复制然后粘贴我的回复，也是一个笑脸。

3 月 27 号，牛牛倒数第二次的考试成绩已经出来了。他没有给我发微信，而是拨了我的电话。

“东哥，我现在凤凰古城，张家界也去了！”

“有事儿说事儿，没事挂掉！”

“没啥事儿，我就是告诉你，我倒数第二次考试没过！”

“嗯，我帮你查了，58 分，是时候回来复习五月的考试了，只剩下一个月了！”

“我不打算回去，我四月中旬才会回去！”

“×××××”我痛痛快快地说了好久的脏话。我一边骂一边难过，是那种有些撕心裂肺的难过。我在上一个章节写过，我看到他们变得成熟并且淡然、变得坚强并且务实的时候，我欣慰并且敬重。但是当最后一根救命稻草向他伸过来的时候，他却那么不在乎，像是丢弃一根普通的稻草一般，于是我怀疑我自己的认知和对于他们的理解。

“东哥，你别生气！这次考试成绩是58分，我已经没有任何的感觉，你还记得当我知道我没有毕业时的景象吧，我快要死了。我认为我活不了了，在我暴瘦二十多斤的时候，木木和我分手，我几次爬到窗口但是又没有那么大的勇气。可是我现在活过来了。我再一次看到这个分数的时候，我心里特别平静，没有一丁点儿的恐惧。我确实懂得了生命中有许多山是真的跨不过去的，我那么多次拼了命地翻，也没能翻过去，所以当那座山依然挺立在我面前的时候，我很释然，因为我不会再费尽力气去翻，它不是阻碍我前行的山，它只是一座山而已。我已经走遍了大半个中国，我过着穷游的生活，我看到比我更不幸的人生活在各个角落，做着各式各样的工作，他们辛苦、叹气，但是他们也微笑。而我这个年轻的小伙子为什么要因为一条路的闭塞而被逼致死呢？我不回去，我要继续任性地走下去，我要看看是我左右着我的命运还是别人左右着我的命运。我会参加考试，但是结果对我已经不再重要。我已经有能力去接受任何一种结果。”牛牛心平气和地跟我说着，我没有插一句嘴。

其实，当牛牛说出“东哥，你别生气”这句话的时候，我就已经不再生气了。当他说到“生命中确实有一些山峰你是无论如何都翻越不过去”的时候，我是认同的，等到他又说“这个世界上生活着各种各样的人，而当我为什么不能是其中的一个，我要看看掌握命运的人到底是自己还是旁人”的时候，我心生敬佩，眼睛湿润。

“牛牛，加油！”我明显有些哽咽。

成熟到底是什么呢？有人说不再哭泣就是成熟，也有人说变得平和就是成熟，最多的理解是，成熟就是选择一种保险稳定的生活。而我看过我的这些朋友之后，我再问自己，成熟是什么？答案是，成熟就是接受有山，并且告诉自己别再去翻越；答案是，成熟就是接受自己和善待自己。

接受自己和善待自己。

5 ///

我之前跟牛牛和少文说过我要把他们的故事写成文章，牛牛把眼睛睁得像灯泡一样大，解下皮带，啪啪地抽在我的屁股上，扬言如果我敢把他的故事写出来公之于众，他会把我绑在床上滴蜡、抽打、嘴里再塞上三天不洗的袜子。而少文则在一旁用极其猥琐的声音叫着。

我现在是坐在新疆某个酒店的椅子上，屁股底下垫着两个多余的枕头。在我把枕头垫在屁股底下之前，我脑袋里想起来的不是很久远的回忆，而是三天前和牛牛、少文他们的一段对话。

不足一平方米的红色桌子上摆着一口大锅，是牛牛从上一个出租屋搬到少文那里来的，锅里面炖着一只鸡，锅的周围放着几碟青菜，有少文最喜欢吃的面筋，还有几瓶酒，牛牛特意跑出去买给我的，说是要给我饯行。

我开口问了他们一句："接下来打算怎么办？"

少文弹了弹烟灰："能怎么办？好好复习，考上考不上都没关系，但要去一趟西藏。"

我把头转向牛牛。

“能怎么办？好好复习，考上考不上都没关系，但要去一趟西藏！”

我假装把手里的啤酒瓶子重重地拍在桌子上，然后傲骄地叹了口气：“去西藏？从喜马拉雅山上跳下来还是准备让山鹰给你们来一个天葬？”

“你咋不让屎把你淹死！”他们两人异口同声道。

“借用你的一句话，生活是用来相处的，而不是用来战胜的，我们已经过了那个因为一次小小考验而寻死觅活喝酒买醉的年龄，我们长大了，我们能接受所有可能的结果。”少文一边对我说话，一边给我的碗里夹了一块鸡肉，酒瓶相互碰撞的声音也响起来了。我长长地舒了一口气，觉得未来的阳光已经照射到我们的身上了。

再一次回想起这些年发生的事儿以及我们的改变，我喝了一口啤酒，然后对着少文和牛牛说：“我怎么突然这么感慨！”

爱情失败时的样子

1 ///

可能是我的许多文章都聊到了情感，而对于情感瓜葛，我常常表达的观点都是站在山顶的：淡然相处，顺其自然。

时间久了，我在人们眼中就成了一个已经爬过情感沼泽地的人，并且我能够轻易地放下，甚至那么多的人都相信我可以像个心理医生般帮助他们走出爱情的阴影。于是，我接了一个大学同学的电话，她语气低落，说到激动的时候还有一些哽咽。

她是我大学时期接触最多的女生，快考试的时候她经常拿着书本给我复习。等到毕业之后，大家各奔东西，只知道她先是去了深圳，后又辗转回到西安，她的更多的细节我无从得知。

我和她坐在并不安静的咖啡厅，在她断断续续地叙述之后，我听到了一个再平常不过的失败的爱情，并没有大风大浪，也没有什么狗血的剧情。

她一边同我讲话一边回复着微信，先是用手打字，但不知道另一端的手机发来了什么信息，她突然变得有些激动，开始大声地用语音说话。

“你说你给我花了很多钱，那我呢？我没给你买过袜子吗？羊毛的。我没给你妈买过保养品吗？”当她大声说到“袜子、羊毛”这些词语的时候，我看到坐在隔壁桌的两个女生看向我们，露出让人厌恶的表情。

等到这则语音发送完毕，她将手机递给了我。

密密麻麻的文字对话让我没有一丁点儿的兴致。我从那喋喋不休的对话中看不到任何留恋与美好，全部都是指责，指责的细致程度可以达到“发卡、口红”等这些微小的词汇。

放下手机，我抬头看着眼前的这个姑娘，齐肩的巧克力色头发在灯光的照射下显得很漂亮，白皙的皮肤也还透亮透亮的。但在这些表象的深层，是一个疲惫不堪、没有任何美感的灵魂。我在那一刻显得手足无措。原来，她已经不再是三年前那个陪我一起去图书馆的女孩子。她的很多东西都随着爱情的失败而变了模样。

这就是爱情失败时的样子吧！

她用语音回复了很多条信息，内容细碎、反复，听起来都会觉着疲惫。终于，她把手机关机，端起咖啡，喝了起来。

我们斜对面坐着一对热恋的情侣，女孩依偎着男孩，她看着男孩玩手机。我将那幅画面躲闪开了，但我那个大学女同学却看了许久，落下了眼泪。

她可能回想起了过去的记忆，想到了美好，于是戳中了泪点。

就在那一刻我才开始细致地审视我面前的这个女孩子，好像并非像我刚才描述的那般不堪与“市侩无理”。她好像只是在爱情失败的那一刻突然失控了，并且不能自已地在失控的情绪里发泄着积蓄起来的情感，不顾后果。

想想，还有些许同情蔓延开来。多嘴一句：何必呢？

2 ///

我有一朋友这几天住在我家里，要不是昨晚喝醉了酒，而我们又恰巧挤在一张床上，我想我是不会那么快就知道他分手的消息的。

我没有见过女方，只是听他在电话里描述过一二，她是个接近女神标准的女孩。我总以为在 26 岁开始的恋爱应该会有一个圆满的结局，况且他们门当户对，不料想，在经历了轰轰烈烈的恋爱之后，还是各奔东西。

我这个朋友是典型的冲动型的人，上学的时候总是惹出乱子。大家毕业之后，我遇到什么困难都不会轻易告诉他让他帮忙，我害怕他的行为会超出我承受的范围，比如把惹怒我的人打到残废之类。

顺其自然，在我得知他分手，而且是女孩负他之后，我想，一定是经历了一场腥风血雨的战斗。安慰这个词对于好朋友来说过于矫情，我会表达成“说，又怎么闹了一番？说来让我乐一乐！”

他的回答异常冷静：“闹什么闹？你看，我昨晚还问她关于她婚礼的事情呢。”

“一点儿都没闹？”我穷追不舍，打趣儿道。

“毕竟爱过！”这可能是我认识他这么多年，他说过的最文艺的一句话了。

是啊，毕竟爱过。

每一对恋人，我想不论是因为何种目的在一起，他们一定是拥有过美好记忆的，这种记忆的时间或长或短，但它毕竟存在。而一对情侣的分崩离析大多数都是被迫的，从某种意义上来讲，因为不爱了而分开也算是一种被迫分离，而至于其他更多的分离就只能用被迫来解释。于是“毕竟爱过”这四个字，在这里就显得那么铿锵有力。

于是，再暴烈的人都因为“毕竟爱过”四个字而变得温和，没有争吵，就像是大家商量好了一般将它封存，剔除了那段记忆的两个人平淡相处，还能温和地讨论对方的“结婚事宜”，这么细细品味起来多么美好安静。

原来，这也是一种爱情结束的方式。

3 ///

去年秋天，阴历九月十七，是她的生日，我还记得。那天我恰好工作至深夜，于是在零点的时候用微信给她发了一个生日祝福和红包，我不知道你是否能猜得到，聊天界面弹出了“请先添加对方为好友”的提示。

我一下愣住了。

能被想起来的我们共同的回忆并不多，但每一个都很清晰。我记得她还在本科的时候到学校找我，我们躺在学校的人工湖边儿上吹风，然后看着图书馆的灯光由亮变暗。我们把脚伸进湖水中，还互相指责不讲公德污染了湖水，说说笑笑就是一个晚上，好像也没有什么大到国际国家的话题，细碎的讲述，也不觉得肤浅与浪费。

我还想起你读了研究生之后给我打电话说想要吃我做的饭，红烧肉和大盘鸡，还点了一份排骨汤，说是给我付小费。折腾了数个小时，我用保温桶把你点的几样菜带到我们见面的西餐厅，你给我点了牛排和沙拉，你和服务员要来了餐具，就那么自然地，我吃着你点的西餐，你吃着我做的中餐，周围的男女看过来，没有什么指责，我自恋地以为他们在羡慕我们。

最浪漫的记忆可能就是我们去朋友的学校闲逛吧。那天下着蒙蒙秋雨，大片大片的金黄阔树叶落在地上，漂亮得很。我和你打着一把大黑伞，朋友走在后面，他用手机拍了一张我们都发布在朋友圈的照片，那照片里有我们两个人向前走的背影，踩着满地的落叶，非常美好。

所以，当我们分开几个月之后，你删除了我的微信好友时，我愣住了。

等到情绪稳定，发短信给你，你的回复是：“我不想让我男朋友多心啦！”

你短短几个字中，有昔日的俏皮，但更多的是给我郑重的通知。

是啊，你不想让他多心，就像在过去的那么久时间里你没有让我多心一样，这么一想，也倒没有那么伤感，你还是你，那个一门心思的你。

过了许久，我不知道在怎样的心境下也删除了你所有的联系方式，有些决绝，但不伤感，我怕我某一日喝多了打扰你，给你造成不必要的麻烦，也是为了我自己，我想安静地生活，因为我想我们早已习惯没有了彼此的生活。所以，失去联系也是件好事。

终于，这么久过去了，在没有彼此消息的状况下，我们生活得很好，偶尔从共同好友那里得到一些关于彼此的消息也会觉得惊喜。想一想，很不错的方式，很不错的爱情失败后的样子。

4 ///

我们不知道何时会遇到一个让你连 ta 的荷尔蒙都能闻到的

人，同时我们也不知道何时会与那个你以为可以天长地久的人分道扬镳。这一切本都是不确定的，但我想我们需要做好万全的准备。对于那些正在路上行走的爱情来说，万全的准备就是用尽力气地去享受，而对于那些已经结束的爱情，我想，万全的准备就是你要接受分手后的任何相处方式，歇斯底里地互揭伤疤的报复、平平静静地忘掉一切的平淡相处以及删除一切联系方式不去打扰彼此的生活，这所有的可能发生的一切我们都需要接受。

如果说把分手后的所有不美好当成是一种结果的话，那恋爱的过程可能就是绚烂的花期了。我只愿所有的爱情花期长一些，结的果子甜一些。

第四辑

深情地活在疲惫的生活中

你是否还坚信爱情

我在大学毕业的那年夏天，带着相恋四年的女朋友从西安到达广州，为了寻找一个年轻男人都有的梦想。在一个城中村的出租屋里住了一个多月后，她带着一个响声很大的拉杆箱离开了广州，我去送她，她说我们分手吧！于是，我们分手了！

在那个炽热到喘不过气的八月，我的工作还没有稳定，出租屋的气流还是不能流通，厕所的顶还是会滴下来上一层的脏水，空调还是会在夜晚来临的时候罢工。也就是在这样的时刻，曾经和我海誓山盟过的女人彻底离开了我。

从那时起，我便不再坚信爱情。

1 ///

去年夏天的某天，我在车站排长队过安检，遇到了一对男女。

他穿着一件有些被太阳打伤的紫色上衣，上面有几条不深不浅的晒伤痕，牛仔裤倒是洗得很干净，配着一双帆布鞋。引人注目的是他背上的迷彩包，很鼓又很整齐。那时候我已经猜到他应该是一个年轻军官，因为我看到他手里的车票和军官证。

他们就那么四目对望，谁也不说话。男孩唯一的动作就是非常温柔地替女孩撩起挡在额头前面的几缕头发。等到男孩的手和女孩牵在一起的时候，他又帮着女孩按摩她的关节和手心。而那个穿着清爽的姑娘一直保持着原来的姿势，我在某一刻都会心疼她许久才会眨一次的漂亮的眼睛。

“不能再送了，要晚点了。”

男孩终于开口了。他松开女孩的手，把自己的手放到女孩的脑后，于是将女孩的脸向前倾了倾。我以为他会亲女孩的嘴唇，可是他竟然只是亲吻了女孩的额头和头发。也就在那一瞬间，我看到止不住的眼泪从女孩的眼里流下来，打在滚烫的地板上，没能发出一丁点的声响。

“超哥，我等了你六年了！”女孩的声音是颤抖的。

“嗯！回去吧！”他的声音也是颤抖的。

“超哥，今年争取拿到介绍信，我们登记！”她羞涩地笑了。我的眼睛湿了。

随着一阵铃声的响起，去往乌鲁木齐方向的铁门开了。人流把他挤得东倒西歪，那件被晒伤的紫色T恤和迷彩包终于消失在了一片嘈杂之中。

2 ///

前些日子，我到一个很旧的住宅区办事情，走累了之后就坐在一条橙色的大长椅上。我眼前马路上的车子都在小心地行进，其中还夹杂着推着自行车行走的人。距离我近些的人行道上有小女孩一蹦一跳地够着大人手里的小玩意儿，卖玉米的大娘热情地扯开玉米皮向顾客展示着自己玉米的鲜嫩，女顾客说了句什么，傲气地走了，提着大红色的包。

就在这一片热闹嘈杂当中，有一对老人，面对面静默地站着，不远处还放着一架轮椅。

老太太的身子深深地躬了下去，深色的毛衣一直垂到了接近膝盖。她把双臂微微抬起，似乎时刻准备着要去抓住一切可以抓住的东西，有些扑闪，颤颤巍巍的，与此同时，脚也是以近乎静止的速度向前挪动。我能感受到她心里的恐惧，我很想跑过去轻声地告诉她：那是平坦的大路，您放心地走。

就在老太太颤颤巍巍地挪动的那段时间中，老头的两只手也是略微抬起，看样子像是要随时准备接住老太太一样。他又等了一会儿，看到老太太没怎么动弹，于是向老太太走近了两小步，揽起了她的手，抓在了自己的手里。就在那一刻，我看到老太太的身体明显一个颤动，随后是非常放松的舒展，头也跟着一个很深的呼吸抬起来了。她很吃力地看着面前那个正抓着她手的男人，竟然还有些不好意思笑了。

我想：她终于抓住了这世界上最可靠的一双大手。

就那么自然的，老头退着步子，手牵着老太太，而老太太则像个初生的孩子，紧跟着老头儿的频率，学着走路，一步一步，踩着一地的落叶。

他们身后深灰色的楼已经旧了，我不知道名字的阔叶树投下一层又一层淡淡的阴影，也有星星点点的阳光掉下来，落在地上。

我想，这对无声的老人一定也经历过青春的拥吻、岁月的相濡以沫，以及现在暮年的搀扶。一不小心，成就了——永远。

3 ///

今年六月，我再一次恋爱了。

比之前稍大一些的房子，她一个星期大扫除一次；有空调，但她说费电，炎热的晚上只开两个小时；我母亲的药她会用自己的医保刷卡再邮寄到我老家；当我出差半夜回家，她会给我做一碗简单的葱油面。

她，就是我分手了一年多的前女友，也是我的现任女朋友。

原来，我们一直都生活在爱情中。

认输，丢人吗

我很想在这篇文章的开头问大家一句话：你过得好吗？累吗？

1 ///

和我关系要好的表哥刚才和我通完电话，“你过得好吗？累吗”这句话是我问他的，他思考了许久，答了一句：我不知道！

表哥的本科就读在海南的一所大学，具体什么名字我早就忘记了，因为并不是很出名。他之所以从宁夏出发，翻越千山万水到海南去上学，仅仅是因为那是一所一本大学，并且对宁夏的考生有特殊政策，而表哥已经为了能上一所一本大学复读了两年，于是，水到渠成的，他去了海南。

表哥在本科读书时很努力，风风火火，很是得意，但因为英语成绩的问题没能考取研究生。家里人认为他会收起行囊，从潮热的海南回到故乡，家人甚至已经准备好了一切他需要的东西。然而，表哥却选择了免试就读一家公司在学校专设的硕士学位，要想拿到学位，必须与那个公司签订五年的雇佣合同，而特定的硕士学位也仅仅被特定的公司承认而已。按照表哥的说法，他只是需要硕士这样的名号，其他的都不重要。

表哥硕士毕业后已经28岁，由于有合约在身，只能定在杭州。他在杭州工作时，我曾在假期看望过他，他租住在郊区的一个十几平方米的房子里，房东脾气古怪。我知道他过得并不好。

那期间，表哥有许多机会回到家乡，工作的环境和待遇也远低于当时的职位，但是他坚持着，他说他一旦离职，就什么都没有了。如果不离职，他能保住学位证，过几年他甚至会升官发财。

后来，表哥又被公司外派至成都工作，我去成都旅游的时候见过他，也是一间狭小的出租屋，几个合租室友吵吵闹闹，乌烟瘴气。但我并没有觉着他过得不好，因为他有了一个娇小的女朋友。毕竟他那时已经31岁，家里的所有人都在关心他的人生大事。有了女朋友，我想，再糟糕的生活也并不那么糟糕了。

去年夏天，表哥与那个女孩分手，原因是他在驻守成都与高升蒙古之间选择了高升蒙古。按着表哥的话讲，他终于等到了属于他的时间，他可以放弃许多美好的东西。于是，他开着车，奔行几千公里，到达零下30度的内蒙古最北的一座城市独自工作、生活。

昨晚，即将34岁的表哥打电话给我，家里的老人下了最后通牒：家里已经安排好了工作，如果他不想就职，也可以再寻找其他的工作，结婚的房子也买好了。或者，他选一个固定的生活的地方，找一个女孩结婚，家人愿意拿出一部分钱作为婚房的首付。要么回家，要么在异地结婚，二选一，家长用心良苦，一点儿都不过分。

表哥说："漂了这么多年，我真的累了，我很想回家！"

我很开心地说："那就回啊，多好！"

"如果我回家的话，我就输了，我现在所有的一切都没有了！"他说。

"你现在有什么？你过得好吗？累吗？"我的话太重了。

于是，表哥再也没有说话。

在那一刻，我想，认输真的丢脸吗？

如果在选择大学时承认自己输了，是否就不用翻越千山万水，是否就不用因为距离而与家人分别好几年，以至于错过老人的葬礼？如果在毕业时承认自己输了，是否就不用为了一纸掩耳盗铃的文凭而开始被迫的生活？如果在分手的档口承认自己输了，那是否就已经为人父，并且不用在严寒之中苦苦度日？

我和表哥都深知，这所有的一切，并不全是因为一个男人对于未来的渴望，更多的是因为害怕失去，害怕输。可是当我问他“你害怕失去什么？你害怕输掉什么？”的时候，我们才发现，碌碌几年，表哥真的一无所有了，这才是真正的悲哀。

我从来不相信如果，因为这个世界不存在如果。问题在于如果的对立面——现实。假若我们不能认识到问题的根源，我想，对于“如果”这样的痛心忏悔，几年之后又会重演。

在我们还能悬崖勒马的年纪，认输吧，不丢脸。

2 ///

我在大学里交过几个不错的朋友，但毕业之后，各奔东西，很多人都已经渐渐淡出了彼此的生活。S是个例外，自大学毕业开始，我们两人的交集反倒更多了，甚至有好几个月的时间我们是住在一起的。也就是在那几个月里，我看到了他的挣扎与痛苦。

我知道S一定会看到这篇文章，所以我开诚布公地讲，他并不是一个学习能力很强的人，我记得上大学的时候，他总是很努力，但考试的分数却总是很低。

我们在一起找工作的时候，班里的同学陆陆续续大都有了工作，或好或一般，总归有个去处，但S一直寻找到毕业都没能找到一份工作，我不知道什么原因。

2015年6月，我选择南下打拼，没有找到工作的S为了让父母放心，于是撒谎说自己已经有了份不错的工作。于是，他东拼西凑地借钱，租了一间房子，决定参加公务员考试，立志做一个为人民服务的公务员。我觉着是好事儿，于是借了一些钱支持他。

我并不知道公务员考试一年之内会有那么多次，我更不知道S是因为怎么样的毅力参加了全部考试，他甚至坐火车赶到几百公里之外的城市参加考试。等到过年时我回到西安，看到的是一个憔悴不堪的他，是的，他确实没能考取任何一个职位。

我劝他在复习考试的间隙到招聘市场看看，说不定会有不错的机会，但他用很多鸡汤的语句打发了我，甚至到今年春天，S的女朋友通过她父亲为S安排了一个不错的工作的时候，他也拒绝了。于是，那个已经和他谈婚论嫁的姑娘终于因为看不到任何未来而选择离开了他。

也就是在那段时间，我仔细思考了我南下广州的生活和处境，人前风光，但只有我自己知道，我在经历着什么，也只有我自己知道未来的迷茫和不确定，我在那一刻才醒悟，原来努力了那么久，我对于这个庞大的城市来说，依然是一个可怜的外来者，而我并不知道我需要付出怎样的代价才能被这个城市接纳，我又是否可以承担起那样的代价呢？于是，我承认我输了。我背起行囊，回到西安。

我回到西安的时候借住在S的出租屋里，那时他刚分手不久，整个人的状态很不好，严重发胖，甚至嗜烟嗜酒，不能自拔，每晚喝到烂醉哭哭啼啼，第二天一早又拿着书本到附近的大学里复习。看了让人很心疼。

于是，他的考试之路一直持续到现在，距离目标最近的一次已经到了面试，但还是失败而归。许多朋友夸他有毅力，但我从未那么说过，有毅力并不是那般体现。如果再继续发展下去，我想，会出事儿的。

今年夏天我劝S，别考了，你已经努力过了，有很多事情并不是努力了就能有结果，我们必须承认，这个世界上有许多东西是我们永远都无法触及的，更不用说获得。但他说，他如果现在放弃，将再一次回到毕业时的节点，什么都没有，什么都需要重新来过，他害怕被人议论，他害怕自己从此一蹶不振，他害怕自己丢了考试这个支柱会怎样。

但他不曾想过，考试这个支柱并不能永远支撑他的生活，很快，就会坍塌。

我很久之前便从S的出租屋搬了出去，现在住在一套明亮的房子里，工作很辛苦，但很知足。我前几天约S到家里吃饭，他说他马上要考试，正在“闭关”，不来了。还没等我说别的话，电话就挂断了。

我突然很难过。

认输，真的那么难吗？

我们从小就被教育：坚持不懈，不达目的不罢休。于是，有多少人正在执着、不悔地走在一条没有终点的路上？在这条路上，他们已经筋疲力尽，伤痕累累，甚至苟延残喘。为什么？因为不想认输。

我想再一次问你：你过得好吗？累吗？

如果很累，很悲惨，那么坦然地向现在的自己以及现在的生活认输吧。认输之后，深吸一口气，信心满满，前往下一个路口。

祝你好运！

如果，
我忍住了

在生命中的某个瞬间，你是否出现过对某种结局的另一种假设？我想伴随这种假设的心境是绵软、温情的，但当你恢复正常思维能力时，又会变得怅然若失，因为你确信再也不会有另一种结局，不会有如果。

1 ///

我现在回忆起你的时候是很平静的，如果非要在这种平静当中挑出点什么来，那我可能会红着脸说：有点甜。

2011 年 8 月的某一天，西北小城并不像往常那么炎热。我们六个人提着很多的零食，在有葱郁芦苇的湖边找了许久才找到一块干净并且不那么吵闹的草地，席地而坐。我们三个男孩已经在铺好的桌布上开始玩扑克，三个女孩还在忙碌地把袋子里的食物整理归类，或者把她们喜欢吃的先拆开，放在桌布上。

你收拾停当之后就倚着我坐了下来，很轻，你把下巴搭在我的肩膀上，柔软的头发蹭到我的脸上，风吹过来之后，更是蹭得我有些痒，但我没说什么，享受着，继续让你倚着，扑克牌输了一把又一把，脸上被朋友贴满了纸条，我竟也浑然不知。

夕阳从我们的方向看过去是完整的，它把远处的湖水照得和晚霞一样，原本葱郁的芦苇也变了颜色，似乎一下子就有了秋天的韵味。原本聚拢的几个人，不知在什么时候就分开了，各自找了一块地方坐了下来，看着他们认为的美景。终于，我和你独处了。

我想，如果那时候有一个摄影师路过那片芦苇荡，他一定会拍到我们亲吻的照片，要是真的就好了，就有了我们各自初吻的照片，两个青涩的高三毕业生在微红的夕阳下亲吻，露出胆怯又害羞的微笑，足够我们珍藏一生。

然后，我顺利来到了大学，你选择复读一年，我们之间的距离是 1000 公里，那时候是穷学生，还不能乘飞机，火车需要行驶 15 个小时，是蛮远的距离了。

2012 年春天，我和你分手，在你参加高考的前三个月。

在上大学的时候，我曾经被你的朋友，还有我们两人共同的朋友贴了许多不太好的、诸如“渣男”的标签。我也曾一度以为我就是那样的自己，我也是因为别人以为的原因而和你选择了分开。但五年过去了，重新拾起那一刻的记忆，头脑清醒地问自己，有了别的答案。

可能你也还记得我们分手那天的争吵，那可能是我们相识那么多年来的唯一一次，原因是，你考试成绩极其糟糕，让我不要每天给你打电话。

我站在宿舍的阳台上想了很多我根本想不明白的东西：我是否真的能够担负起那一份责任？那份责任到底是什么，我根本就不知道，可能是我年龄尚小不敢承担你日后生活的责任，也不敢承担你高考结果的责任。我突然在那一刻没有了往常的自信和承诺，在那之前或者之后，我从来没有因为害怕承担责任而逃避过，我也并不能解释得明白，为什么在那样敏感的档口，我竟然没能忍住，不去胡思乱想呢。鬼知道。

我终究还是没能忍住，发了一条分手的短信。当年的我还很文艺，在发了短信之后买了张武汉的车票，后来被自己写成是“疗养情伤”。游走玩耍的过程中竟也忘记了一整件事儿。等回到学校，再一次试图联系你时，发现所有的一切都变得不可收拾。

我们必须知道两个不够成熟的年轻人在面对第一次分手时的不理智和不负责，我们把所有的伤痛放大放大再放大。所以就真的不可收拾，成了永远的残局。

那一别，就到了今天。

后来，我和你渐渐成熟，回想那一段历史，都已经变得很平和，没人再去指责或是追究。但去年朋友聚会，我烂醉之后，拉着一个男同学的手，叫着你的名字，说：如果，我当时忍住不给你发那条短信，陪你走完高考的路，陪你走完大学四年，陪你找工作，就好了。

你坐在离我不远的位置，或许是听到了我的话，伙着朋友，把我从地上拖到了沙发上。之后，我看见你和另一个女孩匆匆离开了。

我现在之所以又一次老生常谈地拿起笔写这个回忆，是因为你在微信里告诉我你已经在相亲，准备结婚了。我们在这之前也都有过别的恋情，谁都没有多少触动，可是等到你平和地告诉我你要相亲结婚的时候，我还是吃惊不小。原来，真的过去了那么多年，而我们也真的就成为彼此记忆中的某个标点符号，只是起到把生命这条长句断开的作用，在朗读或者背诵生命长句的时候都不会念出那个标点的名字。

于是，我有点慌乱。写下这几个字：如果，当时我忍住了！

但好像也没有什么用，但好像我明天又会正常地生活和大笑。

2 ///

牛岗是我很好的朋友，比过谁尿尿远的那一类，但我至今都不确定他名字里的“岗”是不是我现在敲在电脑上的这一个，所以，我还是叫他的昵称：牛牛。

他在我们所有的朋友眼中都算是异类，因为当我们经过几年的社会历练变得不再那么理想主义的时候，他还是以一颗白莲花的心迎接着每一天的太阳，并且他每天都把鸡汤和励志名句重复地发在每一个社交平台，还威胁我们不要屏蔽他。

牛牛在毕业之后怀着美好的憧憬来到广州，就职在一家著名的汽车企业。我也曾经幻想过大城市中的繁华和无数种可以让年轻人飞黄腾达的可能，但可能缺少雄心和壮志，我总怯于大城市的孤独和冷漠，而那里也确实存在。

牛牛曾经历过半年难挨的生活。公司和潮湿的出租屋，只有这两个地方有他的足迹，他也想着到这条线之外的地方转转，但是发现言语不通，并且等看到街道上都是三五结群的嬉闹人群时，他才彻底意识到自己的孤独无助，电话里我能听到他的慌乱，也在准备着接受他回乡的可能。

而他又坚持了一年是因为一个同样来自西北的女孩。我见过照片，娇弱漂亮。她站在打着光的站牌下，踩着整齐的绿草地，斜着身子，挺好看。

于是，你可以想象，在那样冷漠的城市，两个同病相怜的年轻人该是如何惺惺相惜，情感升温的速度又该是多么快。所以，半年之后，他们住在了一起。每天自己做饭，种花，还要把做好的饭拍成艺术照片发给远方的我们。他们还打算在小阳台上养一只金毛或者一只英国短毛猫，不是很纯种的也没什么关系，他们设计了很多美好生活的图景。

去年年底的时候，我们见到了那位漂亮的姑娘，没有什么缺点，我们几个朋友很喜欢他们的组合。他们也见了父母，牛牛的爸爸承诺会拿出一部分钱给他们在广州付一套房子的首付，女孩的家长会陪嫁一辆车。

然而，今年四月的某一天，牛牛在朋友圈发了一个字：草。

已经是夜里 12 点，他们本已睡下。女孩的手机响起，是个没有备注姓名的号码，牛牛伸手把手机递给她，在接起之后，她可能是由于还在睡梦中听不清声音，于是点了免提。

“喂，还没睡啊！”电话里的那个人舌头不太直，有点僵硬。

就是这一句话，让她彻底清醒了，女孩迅速取消免提，转过了身子，再没说话。

“我想你了。”那个含糊不清的声音勉强被牛牛听到了。

“你说啥？我听不清，对不起，我要睡了！”女孩有些慌乱，挂了电话。

“他说他想你了，你耳朵聋了吗？”牛牛把手机丢在地上，咆哮着。

女孩的前男友毁了一部手机和那个安静的夜晚。牛牛在客厅的木沙发上坐了一夜，在朋友圈发了一个字：草。于是，他第二天就搬了出去。又过了几天，牛牛离职，回到了西北。他们两人便彻底分开了。

后来，女孩也不知道因为什么离开了广州，回到了西宁老家。两人之间的距离是1000公里。他们把微信互删了之后就没什么联系。我可能是忘记了我的微信里有那个女孩的存在，所以也就忘了删除。直到有一天，那女孩发了一组在向日葵田地里的照片之后，我才发现我还牵连着他们两人微妙的纽带。照片里的姑娘把头发剪短了，穿着一身红色，可能是因为阳光刺眼，她戴着墨镜，手里还甩着一条很大的纱巾，在风中飘着，很漂亮。我把手机递给牛牛，他看了好一会儿，叹了一口气，把手机还给了我。我点了个赞，默默地把那个姑娘的微信删除了。

牛牛在微醉的状态下对我说，她好像也没有做错什么吧？她没有保存她前男友的手机号，她也不能左右她前男友会说什么样的话，而我们怎么就那么突然地分开了呢？

我说，别想了，喝酒。

牛牛确实是又有些伤感，要是，我当时忍一下就好了。

西安的秋季多雨，我们坐在简易的棚子下面喝着酒吃着火锅。牛牛看向路过的行人，他们有的打着伞，有的戴着帽子匆匆行走。牛牛说，广州的这个季节不冷不热，挺舒服的。

3 ///

前几天，有一个读者给我发了几十条微博私信，我点开了。

私信的前几句话可能因为她情绪激动，语序错乱，并不能清晰地表达，大致意思就是男朋友和她分手了，真是倒了血霉了之类。接下来的十几条私信都是他们二人的合照，从杀马特造型的大头贴到剪刀手，再到最后的郎才女貌和学士服合照。我能看到十几年的光阴在他们身上留下的烙印，也能感受到那份刻在骨髓里的深情，突然生出感动。私信的最后几条，姑娘说了他们分手决裂的原因，竟然是她的准婆婆和母亲因为婚礼的细节问题而吵了架，两个年轻人护母心切，吵了一架。

这样的私信我见过太多，很多时候我都会觉着是在“虐狗”，我就是那条单身狗，所以就没有回复，前面的事实证明他们都相安无事，又一次相亲相爱。可是过了一个月，我几乎要将整件事情忘记，某天打开微博，看到熟悉的那个人发了好多私信，是她，我点开一看，有一条赫然入目：他今天结婚。

那条信息显示的时间是前一天，也就是说，那个男孩已经彻底成了别人的丈夫。

她用非常难听的话骂了许多人，那种情绪让我有一些恍惚。

突然，我有些说不出话，难受起来。不仅是因为男孩结了婚，更是因为我终于知道，原来，再深的情感，都会在决裂那一刻的冲动下涣散，都会有报复性的攻击，真的会反目成仇。我时常说起的理智与祝福真的就那么难。一时间我不知道如何回复她。

逐渐冷静的女孩用断续的文字对我诉说了在那一个月发生的事，她并不能解释为什么男孩会和一个陌生的女人闪婚，她也不能解释为什么相爱了十几年的两个人不能在一件原本不算是磨难的小事儿上后退一小步，甚至是在电话里发一句问候。

她几近崩溃地希望我给她解释，我又能怎么解释呢？于是，我心虚，还是没法回复她。

后来，她很少再私信我，我点开对话框，看到她给我说的最后一句话就是我文章的题目：如果，我忍住了，就好了。

你能感受到那个绝望的女孩是以什么心境发出这样的感叹吗？我能。如果，她忍住了，就好了。在这样逐渐清冷的冬季，那个男孩正在某个温暖的地方度着蜜月，新婚的甜蜜不会让他有什么多余的伤感。于是，我愈发心疼那个姑娘。

“姑娘，不要委屈自己而去原谅他，但可以在平静之后试着祝福他，因为你们的结局已定，不存在任何如果！”我终于回复了她。

结局已定，不存在任何如果，不一定非要原谅，但请试着祝福！

深情地活在疲惫的生活中

1 ///

不知从什么时候开始，很珍惜时间的我喜欢上了在晚上乘坐火车，睡一夜到达目的地，而不是乘着飞机飞一两个小时。这期间除了我需要充足睡眠的必要理由之外，还有就是我很享受在火车卧铺上看着车内各式各样的人，他们大多数都是普通人。他们身上的烟火气让我能感受到一种莫名的安全感和踏实，即使睡着了，也是很安稳的。

那天结束工作已经是晚上七点钟，隆冬季节的西北从四面八方袭来寒冷。我穿着一套单薄的工作装，套着的过膝风衣被我紧紧地贴在身上，我一边吸着冷气一边快速取票进站。

我脱掉风衣，坐在了靠窗的位置上，上车前买的一杯热饮也已经凉了，我跑到开水房，兑了些热水，看着窗外漆黑的一切，喝起那杯变了味道的热饮。车厢里昏黄的灯光、漆黑的窗外以及耳朵里传出的鼓点很重的复古歌曲，这所有的物象都将我引向阴郁的方向。在那一刻，我有些伤感，突然认定，生活原来这么疲惫。

我床位的下铺是一家三口，小男孩没有穿裤子，只是带着一贴尿不湿，可能快要睡觉了。孩子的父母看起来和我年纪相近，母亲鼓捣着奶粉，细碎的头发在额头上挣扎着。小男孩的父亲不知是因为车厢温度还是别的什么，脸上挂着高原红，衣着朴素的他眼睛注视着他的孩子，随时准备伸出手去接住站不稳当的孩子。

餐车已经来了好几趟了，快九点时，推餐车的列车员高举着饭盒，说这是最后一次供应了，降价处理，10元一盒。8小时未进食的我倒是有些饿了，但包里还有些水果和酸奶，于是作罢。在这空隙，我看到那位年轻的父亲从一个庞大的蛇皮袋子里翻找出了另一个大袋子，红色塑料袋子里还有透明的塑料袋，一层层翻找过后，他把两个馍馍递给了孩子的母亲，又是一阵忙乱之后，终于收拾停当，开始端起热水，就着干馍馍吃起来。或许是注意到了我在看他，他掰下来一块给我，嘴里说着别嫌弃。我不知道我在想什么，顺手接了过来，那是和我记忆中很相似的馍馍，很硬，里面加了些许胡麻油和葱花，嚼起来很香。

我是一个在公共场合不怎么说话的人，即使吃了那位年轻父亲的馍馍，我们也没有聊很多。只是知道他们一家三口从西宁出发，南下深圳打工。年轻母亲一边带孩子一边给同乡的工人做饭，她男人在做房屋装修的工作，我能看到他黑色鞋子上还留有白色的胶漆，但也不影响什么，看起来很干净。

列车员最后一次巡岗了，嘴里喊着硬座车厢的旅客请及时返回硬座车厢，就要熄灯了。我把耳机摘了下来，准备上床休息了，一整天的高负荷工作终于让我没时间多想什么，疲累了。就在这个时候，原本活蹦乱跳的小男孩开始拼命地哭，眼泪从他微微皲裂的小脸上划过去，和鼻涕混在一起。母亲拿着纸巾给小男孩擦着眼泪鼻涕，男人挣开小孩儿的手从床上站起来。

看了许久我才看明白：男人手里拿着的是硬座票，他要被列车员带回硬座区了，小男孩不舍，于是大哭。

过了春运的列车并不算拥挤，整节车厢还有许多空余的位置，看热闹的几个年轻人建议他添一些钱补个卧铺，他摆摆手，笑一笑。她的老婆给他解围说他喜欢和人聊天，他们的工友都在硬座区，没什么的。他露出轻松的微笑，连连点头。

其实整个分别的画面并没有多么伤感，男人哄逗着小男孩说明天太阳一出现，他就出现了。倒是那孩子哭得开始倒气，一闪一闪的，再加上撕裂般的哭声，我觉着有些心疼，我也说不上是因为什么，有点难受。

人群散去，年轻的母亲已经将哭闹的小男孩安抚入睡。这个正在熟睡的孩子可能永远都不会知道他的父亲曾为了节省路费，而将他和他母亲留在卧铺车厢，自己独自一人回到硬座车厢。我在第二天天亮之前就下了车，没能再见到那个同龄的男人，但我想这样的哭闹可能还会持续，因为绿皮的火车还有几天才能到达深圳。在到达深圳之后，他的父亲也还是会在清晨与他分离，为了赚取每日的所需，黏爱父亲的他还是会发出一阵又一阵哭声。

深情地活在疲惫的生活中。我想，不论从哪一个角度阐述，我们都能看到他们一家三口的疲惫，但他们依然深情细致，因为有爱有牵挂，真好。

2 ///

2014 年 3 月 8 日，一架被叫作 MH370 的航班载着几百名乘客失联，算一算日子过得真快，已经过去三年多了。

作为旁观者，这次灾难给予我们的冲击持续没几天便被其他爆炸性的新闻冲淡了，甚至几年过去后，身边已很少有人再提起它。但是对于马航事件当事人的家属来说和我们并不一样，他们中有一个人更是把那种撕扯折磨的情感提升到了最高点，我每每看到都会长叹一口气，悲从中来。她是一个“失联者”的妻子。

我昨晚看她微博的最新一条更新来自 3 月末，她写道：朋友们别太担心我，我体重已恢复不少。生活和等待，已和睦相处。谢谢你们的挂念，愿都好。

“生活和等待，已和睦相处”，这简短的几个字，我看上去却很钻心。这个年纪轻轻的女人将把等待带入生活，生活多久等待多久，这是一份笃情。

其实我第一次关注她的微博是在几年前。那时，马航事件才发生不久，许多人蜂拥而至地在她的微博下留言关怀。

那时候她记录的心情是极其阴郁的，甚至有时候还有些中年女人在街上撒泼的感觉，她说她要联合其他的人抗议，具体抗议什么我不得而知。她也会发布许多诸如再也坚持不下去之类的话，她觉着她有可能会抛下尘世，也来一次彻底的失联，而与自己的丈夫团聚。

所以，我没有再关注她。

前几天朋友转发给我一条微博，打开一看正是她。快两年不见，好奇心很重的我翻了翻她的微博。有一则是这样说的：小美为了进房间，会跳起来抱住门把手，利用自身体重往下压，从而把门打开。茶茶会在我下班回到家时围着我和我喵喵地“唠嗑”唠好久。你不在身边的日子，猫咪们卖萌耍贱的本领都有进步。

我心里一阵敲打，感动蔓延至眼角。

再翻找下去，还是偶有阴郁沉重的表达。但是经历两年成长的我在那一刻有了一些思考，这个世界是否真的容不下感伤的生活者？是否微笑真的代表阳光，而眼泪就代表暗无天日呢？我想你只要问了自己这样几个问题，答案一定是和我一样的。

她的生活中有猫、有母亲、有朋友甚至还有几盆花草，更多的是对丈夫的等待和无尽的思念。她坚信她的丈夫只是出了远门，不论过去多久，他都会回来，或者换一种说法，不论过去多久，他们终将再见。

于是，这样一个深情的女人有任何问题吗？她和我们生活中任何一个等待丈夫回家的妻子有什么大的区别吗？没有。她甚至更加深情，更值得被尊敬。

写到这里我在想，为什么在一篇叫作《深情地活在疲惫的生活中》文中书写这样一个女人。她和第一章节的年轻父亲不一样，年轻的父亲是生活艰辛，他在用爱与细致修饰，对抗疲惫的生活。而这位等待丈夫的妻子不同，她是因为爱与牵挂才让原本轻松闲适的生活变得无比沉重疲惫，她不与这种疲惫对抗，她适应接受，甚至慢慢地开始享受这样的深情疲惫。所以，我想，你也就能明白我为何要将这两个人物放在一起书写了。

生活中有许多人是因为爱与深情而疲惫，我不想站在高处教育人们什么，我只是想说，如果做了选择，那就生活下去吧，即使疲惫。

3 ///

我的好朋友虎斌，前几天发微信问我：东旭，你最近怎么样？我过得太难受了！

算起来，他已经前往德国出差半年了，我想着适应能力极强的他一定已经如鱼得水地生活在了美丽的欧洲，我也确实能看到他在许多绝美景色前拍摄的照片。不曾想，他已经就快坚持不住了。

虎斌给我描述了一个场景，让我印象深刻。他在连续上了 36

个小时的班儿之后，他的姐姐给他发了视频聊天。接通之后，虎斌的姐姐看到了他的样子，突然哭出声来。

就是这样一个细节，让我突然难过起来，也让我准确地理解了他在德国的生活：疲惫、孤独甚至还会有无助。

我没有劝他如果太累就回国吧，我觉得这样的建议很不成熟且不负责。我说，说点开心的事儿吧！

虎斌说：我给我妈买了一把德国制造的刀，一千多块钱，我回国之后就有些存款了，我要带着父母到海边玩儿，他们一辈子都生活在黄土高原上。

我笑着说：那你现在还累吗？虎斌回答说：哈哈，不那么累了。

我希望你能理解这段简单的对话。

你过得怎么样？我随口问这样一句话一定能勾起你的许多回忆，还略微带着心酸。有这样的反应倒不是我们无病呻吟，也不是我们矫情，是我们过得好像并不怎么样。

但事实是我们依然深情地活着，因为在生活种种不堪的后面有一张大幕布，幕布上写着爱、希望、深情。所以好像也没有什么大不了的，请继续生活在你的生活里，深吸一口气，爱上它。

没有人
能定义我们的青春

2017 年 5 月 4 日的晚上，我按往常的时间点开微信朋友圈，不料却看到了凡凡即将办婚宴的消息。那是一个 H5 页面的链接，封面上写着“我们结婚啦”。我满怀祝福地以为他与嘉文走到了最后，出于对他们穿礼服、婚纱样子的好奇，我点了进去，满满的照片：背景是广袤的油菜花，更远一些的是层峦叠嶂的山峰，烟雾缭绕其上，很漂亮。但我的心情由祝福急转直下，变成恍惚、难受，照片里高挑的女孩无论如何都不可能是嘉文，我反复放大辨认，她真的不是嘉文了。

我长吁了一口气，他们终究是分崩离析，各奔东西了，毫无征兆，悄无声息。

于是，不禁勾出我的许多回忆，也生出许多我对于青春往事的感慨。

1 ///

2011 年盛夏季节，我从陕西偏远的县城来到西安开始了非常美妙的大学生活。我看到那个大到离谱的校园里拥有我能想到的所有美好的事物：树、花、体育场、图书馆以及一片浅绿的湖，那里面有小鱼穿行。我幻想着我能在这样的校园里拥有三两老铁，我们可以在图书馆看书也可以在体育场打球；我也曾幻想能尽早寻得一位姑娘，她最好是长发，穿着牛仔裤配 T 恤或是一身长裙，我们可以坐在湖边，拉手、亲吻，看花草、月光。

在大一的时候，出于对文学的一点喜好，我在校园里的社团招募会上，从密密麻麻的展位中找到了一个几乎被淹没了的文学社。它的帐篷门匾上挂着一幅毛笔字，确切地说不是挂，而是贴着，很简陋，毛笔字的下面放着一条桌子，桌上摆着花名册和签字笔，我细细一看，花名册上寥寥几个人。坐在帐篷里的有两个人，一个是向我介绍社团辉煌历史的负责人，大高个儿，身材丰满，带着牙套，是个热情的女孩。等我询问到怎么人这么少的时候，那个女孩指向了坐在角落的男孩，她说：“不少，你看蒋凡就是才交了团费入团的呢！”

他叫蒋凡。当我转眼看向他的时候，他也正看着我，可能是被强拉着坐在角落当作托儿的缘故，他满脸的生无可恋。

蒋凡戴着眼镜，腿上放着一个本子，上面用五颜六色的笔画了些鬼才知道是什么的图案，然后用鬼才知道是什么字体的笔迹写着大大的《凡凡诗集》。他把自己称作凡凡，我并不知道他与自己有怎样的深仇大恨才会给自己起这样一个可以让我笑上一年的名字，而至于他手里的那本诗集，我早在高中毕业前便给烧毁了，我的诗集名字应该被羞辱两年，它叫作《啊！带我走吧！》。

与大学里的许多喜欢打游戏的男生不同，我与蒋凡都喜欢看书和打球，最开始闲言两语地聊文学，我偶尔提及托尔斯泰、海明威，当然也还会说一说韩寒，他会细致地解说海子、普希金还有一些我未曾听到过名字的作家，聊过不多几次，我们便知道大家都不是浮于表面地做做样子。我们也偶尔到球场厮杀，我擅长抢篮板、盖帽儿，他擅长三分投篮。我和蒋凡在打篮球的时候因为与其他人碰撞而产生了冲突，一时间好几个身高 180 厘米以上的男孩打作一团，鼻青脸肿。从那之后，我便不怎么打篮球了，开始专心地练习网球。

他时常到我们宿舍喊我打球，等到了体育场，我进入网球场，他到篮球场，然后再一起回宿舍洗漱，去图书馆看书。时日久了，我们都成了彼此难得的老铁，就连那时候风靡的苍老师的视频都会无私共享，非常美好。

我和凡凡不是一个学院的，但住在同一栋楼，我们那一整栋楼只有一间公用的自习室，每次到自习室都能看到对方，其他人都抱着高数、线性代数、大学物理等课本和习题册，我们也带着，但从来都不翻开，我们看的书很杂，很多，但唯独与学业无甚相关。于是，我和凡凡在大学第一学期结束时，挂科的门类一模一样，相视一笑，再互相嘲笑那一两分的差距。

那应该是我第一次参加补考，因为补考的学生不多，所以学校就将公共科目的考试安排在了一起。我与凡凡坐在了一起，我们抄抄写写，甚至我自己都觉着明目张胆了。监考老师走到我的桌子边儿，收起了我的卷子，那时候凡凡说了一句话："老师，不好意思，我一直在抄他的、打扰他。"

于是，他的试卷被收走了，线性代数那门课程一直挂到了毕业前，等到最后的清考才算有所交代，而因为挂科让他四年的大学生涯与任何奖学金无缘。我想，若不是因为那一门考试，他最不济也能获得文体、科技类的奖学金吧。因为我的专业成绩很差，却获得了许多类似的奖学金，说来惭愧。

类似于这般“舍生取义”的事情还发生过许多，男生相处之间没有那么多的感谢，所以也就那么理所当然地发生着。慢慢长大，步入社会，感受到真实生活中的人情冷暖，偶尔回想起来，确实会觉着那是份难得的情谊，倒不是什么年少无知幼稚，而是因为年少有知、有情。

2 ///

大二的时候，我与蒋凡已经是文学社团的团长与副团长，那时候社团的人数也已经增长到了上百人。我和凡凡觉着我们的社团即将冲出中国走向世界了，我们的刊物也即将畅销全宇宙。

然而，那年初秋，一批批穿着迷彩服的军训新生从我们搭建的帐篷前走过，夸一夸门匾上的毛笔字不错，而后一脸冷漠地离开的时候，我们才知道这就是现实。

社团招新的某一天下起了雨，或许是“秋雨”让原本热烈的校园一下子变得朦胧起来，或许是“雨”这个意象让原本都很务实的少男少女变得不那么务实，他们除了关注机器人、航模等社团之外，竟也有那么一些人开始关注文学。

我坐在招生的桌子前，翻来覆去地看着花名册上的名字，凡凡还是像去年那样坐在帐篷的角落，他还是一个托儿。当我放下花名册，抬头看时，面前站着两个姑娘，定定地站着，打量着我们两个。

“学长，我舍友喜欢文学，她想报名，可以吗？”其中一个留着短发的女孩说。

“你才喜欢文学呢，你全家都喜欢文学，你乱说！”另一个高挑的留着长头发的女孩不好意思地说。

“喜欢文学是对人的一种侮辱吗？”我已经很不开心，强压怒火。

我并不知道接下来发生了什么，坐在角落的凡凡把我支开，和两个扬言要离开的女孩说着什么，说了许久，渐渐出现了爽朗的笑声，撩妹，我只服凡凡。

我看着两个女孩在花名册上写下了自己的名字，还交了团费，大功告成。我看到签的名字是“× 雨晴，× 嘉文”，我问凡凡，现在的学生都流行艺名吗？

“那是她们的真名，和学生证上的一样啊！”凡凡饥渴地望着逐渐远去的两个背影。

多好的名字，我透过雨雾，看着一高一低，一长发，一短发，打打闹闹的她们逐渐消失，倒也还从心底里生出美好二字。

那之后的很长一段时间里，我们都没有正式再见。第一次正式见面是在文学社那一年的第一次例会上。我和凡凡站在台上，能容纳两百多人的大教室竟也坐得密密麻麻，我情绪有些激动地说着些大话，矫情又啰唆，这些评语都是熟络了之后，他们对我讲的。我一边讲一边扫视着台下的人群。

雨晴坐在很靠后的位置上，旁边的嘉文注视着我，一副“老娘就这样静静地看你装 ×”的神情，我当时很想把嘉文请上台，让她倒背《离骚》，还是罢了吧，我没有那样的情致，我只是看着雨晴。

我猜我应该是喜欢上了她。

其实在年少不知世事的年纪，喜欢上一个人是很容易的，不像我现在相处几年都不会轻易打开心扉尝试喜欢一个人。那么快速地喜欢上雨晴，我想不仅仅是我自己荷尔蒙的原因，更多的是从理性出发，雨晴能满足我对于异性的大部分幻想与要求，高个子、长头发、知书又达理。

2012 年，中国人开始大规模地使用微信。我与雨晴的熟络过程也全靠着微信，但不是我与雨晴直接接触，中间有个递话筒的人，就是嘉文。她是那种与雨晴有着很大差别的女孩，看着大大咧咧的，像个男孩子，说话的时候动作和表情都很夸张，但很友好，虽然嘴里说着我许多坏话，但帮了我和雨晴很多大忙。

我倒也说不清楚我和雨晴到底是怎么走到了一起，也没有特定的时间标记和历史性事件，自然而然，流水一般自然。

雨晴曾经在学校的人工湖边儿为我画过一幅至今都挂在我床头的速写，画中的我咧着大嘴，远处的湖水泛着层层波纹。我和她也曾为了能在六月去到青海湖的油菜花田拍一张拥抱的合影而到商场里兼职，晚上，拿着一天的工资买一碗她顶爱的麻辣粉。

如果说是什么让我彻底细腻起来的话，那我想应该是雨晴了吧。也是在那段时间，我感受到从未有过的感觉，没什么压力，没什么目标，没有金钱，没有眼泪，原来人生中确实存在虚度但又完全不觉得虚度的时光，如果你正拥有它，那请你抓紧享受它，不要用力抓紧它，更不要奢望它能持久一些，时间到了，它便走了。

我就是如此地看着雨晴和那段日子渐行渐远，告诉自己：不要去追。

在分开的那段时间，并没有觉着多么突然，很和平也很淡然，我们没有像旁人那般歇斯底里或是添油加醋，我若是在雨天看到了她，还是会微微一笑，告诉她穿的有些单薄了。

我空闲下来了，开始梳理那一段时间里的许多细枝末节，开始像之前那样地关注凡凡，关注嘉文。

3 ///

原来，一切都在悄无声息地行进。

我用了许久的时间才弄明白，嘉文和雨晴已经不再那么好了，每次在校园里碰到她们的时候，她们身边总跟着陌生人，社团沙龙的时候她们也交替着参加，很少碰到她们两个在一起了。

那时候在校园里很火的“人人网”上有一篇文章，出自我们学校没有署名的作者，我知道那是雨晴写的，她写到我们几个人的故事，虽然没有提及谁的名字，但她充满了小女生的情愫交代了嘉文的许多行为，不知真假。

后来，又出现了一篇新文章与她对抗，我知道那是嘉文所写的，虽未添油加醋，但确实让人理顺了很多断层的逻辑。

蒋凡好像也变了。我们很少一起去图书馆的六楼了，那一整层都是著名的文学书籍。我时常在操场碰到他，问他近况，他说他正在做一些奇奇怪怪的项目，诸如重力小车或者太阳能板。这里讲到的奇怪，并不是项目本身奇怪，而是凡凡一门心思地钻研那些东西，显得奇怪。但后来，我也喜欢上了我曾经非常排斥的许多东西，原来，人们在快速成长的过程中，对于自我的认知，对于爱好，甚至是对于异性的判断，都会有很大的改变。

嘉文便是其中最明显的例子。

我想，因为之前发生的许多事情，嘉文一定对我没有多少好感，即使是表现得很温和友好，但毕竟我给她的第一印象就是与她对峙的场面，再加上从她与雨晴隔空对骂中对我的描写，我确认，她是讨厌我的。

但当我大三圣诞节前夕的时候，嘉文拿着一堆东西，把我堵在了公寓的门口。整个告白的过程非常利落，大致意思就是“老娘一直很喜欢你，你喜不喜欢我？”

我像是一头受惊的骡子站在熙熙攘攘的门口，不知所措。站了许久，我也不知道怎么办。

我其实老早就看到凡凡站在不远的地方，虽然他已经是在躲藏着了，但我能认出那就是他。我看向凡凡的方向，他终于看到了我，并向我和嘉文的方向走来。

“我在你宿舍门口等了你挺久的，打电话也不接，原来你在这儿啊！”凡凡嬉皮笑脸地对着嘉文说。

“来，拿着。”凡凡把手里的一袋子东西递给嘉文，嘉文接了，而后他又从嘉文给我的袋子里翻出几个苹果带走了。

“我先回去了，你们也早点回去，天儿冷！”

我自始至终都没有说一句话。嘉文也没有说。

那应该是我经历过的最刻骨的圣诞节前夜了吧，刻骨的原因是尴尬。作为好兄弟，我当然知道凡凡一直喜欢着嘉文，他也一直在表现着，直到那一夜我才知道他们一直没能在一起的原因是我。

文人骚客的世界真的太乱！

4 ///

2013 年末那几天，西安下了许久的雪，原本被雾霾围裹着的万物突然被雪映衬得不那么阴暗了，变得洁净了许多。

我与嘉文、凡凡的事情也因为不再提及，所以那晚过后，一切照旧。

元旦假期，嘉文和凡凡在微信群里约我去西安的城墙上看雪景，我便去了。

原本我们几个想要在城墙上骑自行车，但积雪还没有扫清，所以只能步行了。那是我第一次登上城墙，有很宽的路，路两旁是随处可见的路灯以及营造古老气氛的幡。没什么风，幡就那么耷拉着。

城墙上的人很少，白茫茫一片的雪景对于生长在西北的我来说，倒也是很平常了，所以本来就不高的兴致逐渐消磨殆尽。我无所事事地走在积雪上，根本听不到书里写的那些吱吱声，可能是雪还不够厚，城市还不够安静的缘故吧。我看着嘉文拿着相机一直在拍摄，具体拍些什么我不知道。凡凡跟在嘉文的后面，不知道说了些什么，一副不肯停歇的样子。

嘉文从远处跑到我的身边，拿出手机，说要自拍一张，我整理了一下帽子，比出“耶”的手势，静音模式，几秒过去就拍了好多照片。凡凡也从远处赶来了，嘴里冒出热气：“你们干吗呢？”

“拍照啊！”嘉文给他翻看着。

“我也和你拍一个吧！”凡凡对嘉文说。

“不拍不拍，你不上相，哈哈哈哈。”嘉文一边开玩笑，一边跑跳着走，像是一个小孩儿。

“旭哥，你也喜欢嘉文？”凡凡的表情很奇怪。

我当真是思考了。这个已经跑到远处的姑娘，短头发，时而疯癫时而静谧，喜欢唱歌也喜欢写一些我看不懂的句子。

“喜欢，但不如你那么喜欢！”我实话实说。

于是凡凡跑到了嘉文的面前说了句什么，拉起嘉文的手便往出口走去，嘉文想要挣脱，却怎么也挣脱不了。

我跑向前，拉住他们两个，而凡凡却在那时重重地给了我两拳，他已经比大一的时候强壮多了，我没有什么防备，被打倒在地。

空荡荡的雪地上再没有其他人，我已经由爬着的姿势坐起来了，我看着凡凡扯着嘉文，越来越远，直到消失在茫茫积雪里，原来，西安的城墙那么长。

那之后的很长一段时间里，我们几个人都没有再联络，微信群还放在那里，没有人退群，也没有人说一句话，连个标点符号都没有。

青春期后期的男孩女孩似乎都有这样的体验，我们明知道自己错了，明知道我们需要认错，但那一步是极其艰难的。很显然，我们几个人都错了，但没有人跨出那一步，冰就一直存在着了。于是日子久了，人们便遗忘了，不是遗忘了过错，而是遗忘了曾经的珍贵，遗忘了我们曾经是那么好的朋友，想想都觉得惋惜。

大四那一年，我从旁人的口中得知，嘉文和凡凡在一起了，他们一起去了重庆，听说玩了许久。

他们没在一起时，我经常在校园里遇到他们其中的一个，见到时会不知所措，于是笑一下点一下头便擦身而过。这是最让我难以承受的痛苦，明明是那么好的朋友，但并不确切地知道到底为何走到了那种境地。后来，等到他们在一起之后，再次遇到他们的时候，他们大都拿着书本，手拉着手，很亲昵，看到我，会比之前多说一些客套的话，而我的感觉也并不强烈，毕竟我也拥有了我自己的新生活。

后来，我在回想起这一段的时候很是感动，感动于我们曾经是那么纯粹，敢爱敢恨，敢为了自己认为重要的事情而抛下另一件重要的事情，不计后果。多么纯粹，这样的体验再也不会有了，如今的我们变得复杂而懦弱，不那么简单地爱一个人，更不敢那么轻易地去恨一个人，活得很辛苦。

5 ///

终于要毕业了。

四年原来是那么快，快到说离别都需要急匆匆的。在经历了那么多的事情之后，不再思考那么多的是是非非，我总觉着很感恩在年少青葱时经历了那么多事情，非常美好。

2015 年 6 月 24 日晚，已经封存了一年多的微信群再一次有了新消息。雨晴已经换了新头像，她把头发烫成了卷状，颜色也变了，但我分不清是什么颜色。凡凡和嘉文的头像是他们两人的自拍，阳光温暖。

“你们两个要毕业了，难道不打算请我们吃顿饭吗？”雨晴说，表情是微笑。

“你们两个要毕业了，难道不打算请我们吃顿饭吗？”嘉文说，表情是微笑。

“我们两个要毕业了，难道不打算和我们一起吃顿饭吗？”我说，表情是微笑。

“我们两个要毕业了，难道不打算和我们一起吃顿饭吗？”凡凡说，表情是微笑。

我不知道手机屏幕的那一头另外三个人是怎样的表情和反应，我在那一刻很恍惚感动，加上那段时间的离别情绪，一时间让我有些鼻酸难过。

时间的力量那么强大，我们都已经成熟、豁达。

虽然，时间给我们所有人画上了精致的妆容，但我们毕竟是我们，饭桌上很融洽地吃饭喝酒，聊起曾经社团、郊游等的回忆。

酒过三巡，四个人都已经有些晕晕乎乎，但没有人说什么我们不想提及的话，我想不应该是刻意的压制，而是几个曾经那么交心的人在这样的时刻，那些可能会影响心情的过去都不再那么重要了，也或许不再拥有什么重大的意义，因为即使我们不说，也都明白，我们终究是不能回到几年前，我们的情感也不能回到之前那般热烈了。

但我们对于这样的结局都没有显露出遗憾，我们接受了它，也并没有觉着有什么太多的不好。于是，我们大方地拥抱，我们轮番拥抱，祝愿大家再见时都已经过上了幸福的生活。

蒋凡抱我的时间最久，不知道是因为醉酒还是因为别的什么，他抱着我许久都不说话，终于在松开手的前几秒说："兄弟不多，你是第一个！"

我这才有些难以自持地热泪盈眶，对于凡凡，我又何尝不是呢?

嘉文拥抱我的时候说："谢谢你。"

我被凡凡激发而出的眼泪还没收回去，回复嘉文："真矫情。"

雨晴张开怀抱，说："趁着我还没有男朋友，赶紧亲我一下。"

于是，我在雨晴的嘴唇上轻轻地吻了一下，而后抱在一起许久。

那一别，再也没有见过面。

后来，我南下广州工作，又辗转回到西安定居，凡凡最后加入了IT行业，雨晴出国留学，学习米兰的服装设计，嘉文留校读研。

2016年元旦期间，我回到母校签名售书的时候，凡凡和嘉文都来了，还捧了一束花，我叫不上名字。早前雨晴就在微信群里祝福过我了，还让她妈妈在网上买了几本我的书，算是实际的支持。签售会结束，凡凡和嘉文等我身边的人群散尽，一个微笑，一个拥抱，好像就已经很足够。

他们变得那么般配，或许是时间让他们越来越像彼此，我很感动。问他们的打算，他们说，等到嘉文毕业，就会结婚。

我说，真好。

6 ///

2017年5月4日的晚上，我才知道他们终究还是分开了，不知道分开的时候有没有痛，有没有眼泪。

我现在再一次翻出凡凡的结婚照，看到他满脸的笑，那不是虚假的笑，是发自内心的，即使他对面的女孩不是嘉文，但就因为那不欺骗、不委屈的笑，我都应该发自内心去祝福。我想婚礼的时候凡凡会邀请我，我也会尽可能抽时间前往，但我不确定嘉文是否会去，因为那后来具体发生了什么我不得而知，也不想知道得那么彻底，朦朦胧胧，没有答案与逻辑，才是真正青春的定义。

我们的青春、爱情、友情，它们永远不能用一个简单的主题去概括，也不能用一个既有的价值评判标准去评判，更没有那么多的波澜壮阔，它们不论是好的还是坏的，都那么自然地发生了，容不得一丁点的修饰和篡改。

我们的生命还很长，但不论多长，都不会再有这样一段时光，想来也还存在淡淡的感伤，所以我选择把它写下来，谨以此篇献给我们，祝愿我们都能拥有光明的前程、幸福的生活。

我们的生命还很长，

但不论多长，

都不会再有像青春那样的一段时光……